教育部高职高专教育林业类专业教学指导委员会规划教材

林业技术专业综合实训指导书

——森林保护技术

■ 关继东　主编

中 国 林 业 出 版 社

内 容 简 介

本书是为全国林业高等职业院校编写的综合实训教材，主要包括森林保护综合实训方案和7个综合实训指导，涉及森林病虫鼠害监测调查、防治，森林植物检疫，农药药效试验，森林防火应急预案制定与应急演练，乡镇林场森林防火规划等森林保护方向的实训内容。每项实训力求运用适合高职教育的项目任务教学模式，既有对项目任务的描述，又有可操作性的实训设计与指导，体现了教、学、做的一体化。书末还附有案例及实训时必需的技术标准。

本书可作为高职林业专业和森林资源保护专业的综合实训教材，也可作为中职相关专业的实训参考书和林业教育培训教材。

图书在版编目（CIP）数据

林业技术专业综合实训指导书·森林保护技术/关继东主编. —北京：中国林业出版社，2009.
教育部高职高专教育林业类专业教学指导委员会规划教材
ISBN 978-7-5038-5426-2

Ⅰ. 林… Ⅱ. 关… Ⅲ. 森林保护－高等学校：技术学校－教材 Ⅳ. S7

中国版本图书馆 CIP 数据核字（2009）第022836号

中国林业出版社·教材建设与出版管理中心
责任编辑：杜建玲
电话：83220109 83282720 **传真：**83220109

出版发行 中国林业出版社（100009 北京市西城区德内大街刘海胡同7号）
E-mail:jaocaipublic@163.com 电话:(010)83224477
网 址:www.cfph.com.cn
经 销 新华书店
印 刷 三河市祥达印装厂
版 次 2008年12月第1版
印 次 2008年12月第1次
开 本 787mm×1092mm 1/16
印 张 7.75
字 数 190千字
定 价 15元

高职高专林业类主干专业综合实训教材
审稿专家委员会

主　任：杨连清　国家林业局人事教育司
副主任：苏惠民　南京森林公安高等专科学校

林业技术专业：
组　长：邹学忠　辽宁林业职业技术学院
成　员：杨连清　国家林业局人事教育司
宋玉双　国家林业局森防总站
李近如　国家林业局林业工作站管理总站
李宝银　福建林业职业技术学院
刘代汉　广西生态工程职业技术学院

木材加工技术专业：
组　长：吕建雄　中国林业科学研究院木材工业研究所
成　员：苏惠民　南京森林公安高等专科学校
朱　毅　东北林业大学材料学院
贺建伟　国家林业局职业教育研究中心
苏孝同　福建林业职业技术学院
张绍明　中南林业科技大学职业技术学院

园林技术专业：
组　长：王　浩　南京林业大学园林学院
成　员：陈　动　上海市园林绿化工程质量监督站
安家成　广西生态工程职业技术学院
周兴元　江苏农林职业技术学院
罗　镪　甘肃林业职业技术学院
吴友苗　国家林业局人事教育司教育处

园林工程技术专业：
组　长：莫翼翔　杨凌职业技术学院
成　员：戴栓友　国家林业局人事教育司教育处
钱拴提　杨凌职业技术学院
董新春　江西环境工程职业学院
屈永建　西北农林科技大学
张晓萍　福建省福州森林公园

编写人员名单

主　　编　关继东

副 主 编　胡志东

编写人员　（按姓氏笔画排序）

关继东（辽宁林业职业技术学院）

胡志东（国家林业局职教研究中心）

孙丹萍（河南科技大学林业职业技术学院）

刘有莲（广西生态工程职业技术学院）

曹书阁（广西生态工程职业技术学院）

王建华（河南科技大学林业职业技术学院）

主　　审　宋玉双（国家林业局森林病虫防治总站）

前　言

本书是继林业技术专业9门专业核心课程教材问世之后，结合国家林业局《林业技术专业高技能人才培养研究》课题而编写的林业技术专业综合实训配套教材之一。

综合实训是在学生完成本专业核心课程的理论学习和各课程主要技能专项实训之后，针对本专业所涵盖的职业岗位群而进行的综合运用本专业的主要知识和技能的岗前系统性训练。在培养目标上，既强调专业核心能力培养，又注重关键能力的培养；在内容上，既是各课程理论知识与单项技能的综合运用，又是结合本职业岗位的国家职业资格标准所规定的项目与任务的系统性训练；在训练环境上，既有学校的教学环境，又有企业生产、管理、服务的模拟环境；在训练模式上，既有按小组形式的工作任务/项目模式、过程模式，又有个人扮演不同角色的岗位仿真训练模式；在考核评价上，既有对学生在实训过程中表现出的具体能力的评价，又有对学生完成实训技能成果的评价。

根据高职林业技术专业人才培养指导方案中专业培养目标的要求，林业技术专业涵盖3个职业岗位群，即森林培育、森林调查规划和森林保护。本书是根据森林保护职业岗位群所需要的综合实训项目而编写的，项目确定上紧扣森林保护各职业岗位的专业技能与工作任务要求，内容上尽量避免与已出版的理论教材重复。本书任务描述部分的编写参考了森林病虫害防治和森林防火方面的书籍，综合实训设计与指导为编著者多年教学实践经验的积累。编著的具体分工如下：综合实训方案由关继东执笔；综合实训指导中的实训1、2由关继东、孙丹萍、王建华共同执笔，实训3由关继东、曹书阁共同执笔，实训4、5由关继东、刘有莲共同执笔，实训6、7由胡志东执笔；综合实训案例由胡志东执笔。本书编写提纲和定稿由关继东完成。书稿完成后，国家林业局人事教育司组织专家对本书进行了审定，国家林业局森林病虫害防治总站总工程师宋玉双教授级高工担任主审，对本书提出了宝贵的修改意见，在此表示衷心感谢。

由于在林业高职教育中将综合实训作为一门实践课程并编写成教材还是首次，在内容和体例上仍在探索之中，编著者也缺少经验，难免会有疏漏之处，敬请各院校在使用过程中提出宝贵意见。

编著者

2008年5月于沈阳

目　录

Ⅰ. 综合实训方案

一、森林保护各职业岗位群的职业要求

森林保护职业岗位群是林业从业人员中指从事森林防火和森林病虫鼠害的调查、测报、检疫、防治等职业岗位的一类人员，按林业技术专业的培养目标，应包括森林病虫害防治检疫站技术员、林木种子病虫害防治员、国有林场森保员、森林防火员等4个技术岗位和1个达到中级工要求的森林病虫害防治员职业。

(一)各职业岗位的政治素质和职业道德要求

①认真学习有中国特色的社会主义理论和科学发展观，坚持党的基本路线，热爱社会主义祖国，遵纪守法，团结友善。

②热爱自然、保护森林，自觉维护生态环境和国土生态安全。

③热爱本职、献身林业，艰苦奋斗、秉公护林。

④勤奋学习，钻研业务，尊重科学，规范管理，按客观规律办事。

(二)森林病虫害防治检疫站技术员岗位职责与专业知识能力要求

1. 岗位职责

①在站长领导下和在本专业上级工程技术人员指导下，贯彻执行国家、地方政府及上级主管部门的有关政策和法规，负责防治检疫测报等日常技术工作。

②负责收集有关技术资料，填写技术档案，解决工作中一般技术问题。

2. 专业知识要求

①了解森保专业基础知识和专业知识。

②熟悉国家及上级主管部门的有关政策、法律、法规及标准。

③熟悉基本的防治方法和操作技术。

3. 工作能力要求

①能正确理解国家及上级主管部门有关政策和法规。

②能收集有关技术资料，填写技术档案，解决工作中一般技术问题。

③具有指导本专业技术工人业务技术的能力。

④具有一定的口头表达能力。

(三)林木种子病虫害防治员岗位职责与专业知识能力要求

1. 岗位职责

①在上级主管部门领导下，贯彻执行有关政策和法规。

②参与本地区种苗生产项目计划、年度计划、长远规划以及有关病虫害防治方案的制定。

③负责或参与有关病虫害情况的调查和防治工作。

2. 专业知识要求

①掌握森林病虫害防治的基本理论和基本技能。

②熟悉有关林业的法律、法规，掌握林木种苗管理和病虫害防治方面的政策法规。

③熟悉本地区种苗病虫害的基本情况。

3. 工作能力要求

①能正确理解有关政策和法规。

②能深入实际，调查研究，结合病虫害防治工作的实际，及时提出调整或改进防治策略的建议。

③能起草有关病虫害防治方案、工作总结等文稿，具有一定的口头表达能力。

④能主持种子生产基地的病虫害防治工作，及时处理工作中一般技术问题。

(四)能胜任国有林场森保员岗位职责与专业知识能力要求

1. 岗位职责

①在场长领导下，贯彻执行国家、地方政府及上级主管部门的森林病虫害防治法规、技术标准和场内管理制度。负责本场森林病虫害防治方案的具体实施。

②定期向场长和上级主管部门报告森林病虫鼠害发生、防治情况，负责病虫鼠情调查，制定防治方案，并组织实施。

③负责森林病虫害防治技术资料的收集、整理和建档。

④对病虫鼠情调查员、防治人员进行业务培训。

2. 专业知识要求

①熟悉森林病虫害防治的基本理论和森林病虫害预测预报、检疫和防治技术。掌握常用农药、防治机械的性能、用途和使用方法。

②掌握国家和地方政府及上级主管部门有关森林病虫害预测预报、检疫和防治的法规和规定。了解经济核算、劳动保护等方面的法规和场内有关规章制度。

③了解本场森林资源、种苗和营林生产基本情况。

3. 工作能力要求

①能正确理解国家有关森林病虫害防治的方针、政策、法规及上级下达的任务。能依据调查资料，分析本场森林病虫害发生趋势，提出正确的防治建议。

②能组织森林病虫害调查和防治工作，协调场内有关业务部门共同做好工作。

③能主持制定本场森林病虫害预测预报和综合防治方案，解决生产中一般技术问题。

④能起草工作总结、工作报告及有关技术文件，具有一定的口头表达能力。

(五)森林病虫害防治员(中级工)岗位职责与专业知识能力要求

1. 岗位职责

①参与森林病虫害调查与普查。

②参与实施森林病虫害防治。

③进行森林病虫害发生状况的监测。

④配制农药，保养和维修药械。

2. 专业知识要求

①掌握森林培育、森林资源调查和森林病虫害防治的基础知识。

②掌握本地区常见森林病虫害的发生规律和采集病虫害标本的有关知识。

③懂得常用农药和药械的性能、用途和安全使用管理知识。

3. 专业技能要求

①会使用林相图，会进行林地面积、林木材积的测算。

②针对本地区常见森林病虫害发生状况进行综合防治。

③常用药械的使用保养。

④能够制作森林病虫害标本。

⑤掌握本工种以外的其他营林工种的简单作业技术。

(六)适应森林防火员岗位职责与专业知识能力要求

1. 岗位职责

①起草森林防火预案，制定森林防火规章制度。

②协助林业规划设计人员制定林场或乡镇的森林防火规划。

③实施森林防火宣传教育和火源管理措施。

④对森林防火工作进行监督。

⑤林区作业和林区工程建设的防火措施的审核。

⑥处置突发的森林火警和组织局部小火的扑救工作。

2. 专业知识要求

①熟悉林火的基本理论。

②熟悉森林防火方面的法律法规、政策和技术规程。

③掌握林火预报、林火监测、防火宣传教育、火源管理、防火工程等方面的基本知识。

④掌握林火扑救的基本知识。

⑤熟悉森林火灾调查统计的基本知识。

⑥了解本地区的森林火灾发生情况及其规律。

3. 专业技术要求

①能够起草森林防火预案和森林防火规章制度。

②能够制定林场、乡镇的森林防火规划和设计防火措施。

③具有处置突发森林火警或局部小火的能力。

④具有组织森林防火宣传教育和管理火源的能力。

⑤能够按森林防火技术规程的要求审核林区防火作业和林区工程项目的防火措施。

二、综合实训应达到的职业能力目标

(一)关键能力培养目标

综合实训除了培养学生的专业技能外，还要培养学生的通用能力。通用能力包括方法能力和社会能力，它不受职业和岗位的限制，也称跨职业能力，是人们从事任何工作都需要的能力。通过综合实训，应着重培养学生以下 4 种通用能力。

1. 分析与解决问题的能力

森林病虫害的发生发展受有害生物的生物学和生态学特性的影响，同时也受寄主植物本身生物学和生态学特性的影响，还与气候、土壤等非生物环境因子有关，各因子之间相互依赖、相互影响。在森林病虫害防治工作中必须分析这些错综复杂的因子，从而找出既保护人类经济利益又能维护生态系统稳定的解决方案。同样，森林火灾的发生发展也受植被、气候、天气、地形、土壤、季节以及社会经济条件和风俗习惯等多因子的影响，各因子之间相互作用、相互依赖，构成了复杂、开放、多元的森林燃烧系统。开展森林防火、扑救工作必须研究具体的森林条件，从而发现森林火灾的发生发展规律，因地制宜、有针对性地采取相应的森林防火对策和扑救方案。因此，森林保护从业人员必须具备分析和解决问题的能力。

2. 组织与协调能力

森林病虫害防治是动员林权所有者(单位或个人)，以一定的组织形式对森林病虫害进行防治的一种群众性的生产活动。它涉及林业的有关部门和相邻单位的利益关系和协作配合，涉及对施工人员的组织管理。森林防火工作重点是对火源的管理，更是群众性很强的工作。因此，通过综合实训，可以培养学生发动群众、组织群众、宣传群众的能力和协调各方的能力。

3. 团队合作能力

森林保护的综合实训一般都采用任务/项目的训练模式，以小组为单位承担实训任务。小组各成员之间必须密切配合、团结合作、齐心协力、分工不分家，才能保质保量地完成实训任务。另外，团队合作能力也是学生毕业后从事任何工作所需要的。

4. 创新与应变能力

由于森林病虫害的发生发展和寄主植物的生活均受多变的气象条件影响，不同的地形地势和土壤条件也会改变有害生物和寄主植物的关系，因此，森林病虫害的一些既定的调查测报和防治的方法不一定在一切场合条件下均能适用，这就要求从业者对具体情况做具体分析，运用所学的基本理论，遵循客观规律，创新技术方法，做到随机应变。森林火灾的发生发展更是受气候及地形等因子的影响，扑火中必须针对火场和火行为的变化，随机应变地改变扑火战术。

(二)专业技能培养目标

通过综合实训，使学生能运用所学的专业知识和单项技能，完成森林保护职业岗位群应具备的综合实训项目，形成学生的专业能力。

1. 掌握森林病虫害监测预报调查的技能

本项技能通过安排森林病虫害一般调查项目和松毛虫监测预报调查项目加以解决。要求

学生能够制定调查方案，掌握调查取样、内业统计、资料整理等技能。

2. 掌握森林病虫害防治作业的技能

本项技能通过安排食叶害虫防治作业和苗木病害药效试验加以解决。要求学生能够拟定防治作业方案，掌握药效试验设计、施药作业、结果计算等技能。

3. 掌握森林植物产地检疫与调运检疫的技能

本项技能通过安排产地检疫和调出检疫 2 个内容加以解决。要求学生掌握填写检疫单证、检疫抽样及室内检验等技能。

4. 掌握森林防火措施的综合运用技能

本项技能通过编制某一林场的防火规划，使学生掌握常用森林防火用图的绘制方法，能够因地制宜地综合应用各项防火措施。

5. 掌握森林火灾扑救的实战技能

本项技能通过安排森林火场扑救的模拟实战项目，使学生掌握森林火灾扑救的程序、方法、战术和火场安全防护等技能。要求学生学会拟定火灾扑救方案，熟悉扑火前的准备等内容，能够使用 2 种以上扑火器具，掌握火场危险境地的自救和火场清理。

三、综合实训内容与模式

通过分析森林保护 5 个职业岗位的职责和工作任务得知，森林病虫鼠害的调查、防治、检疫及森林防火是这些职业岗位的主要工作任务，因此，我们选择以下内容来培养学生的职业能力(表Ⅰ-1)。

表Ⅰ-1 综合实训内容与模式基本要求

序号	综合实训项目	实训内容	教学方法	组织形式	实训环境与季节	实训时间
1	森林病虫鼠情调查	森林病虫鼠情一般调查	采用项目教学法，由教师提出任务，并指导学生设计实施方案。学生实施后，自我评价，教师再检查评价	5~6 人组成一个项目小组，各成员分工负责，并适当轮换岗位	在夏季林相复杂、面积较大的天然林中为宜	0.5 周
	森林病虫鼠害监测调查	松毛虫监测调查	采用项目教学法，由教师提出任务，并指导学生设计实施方案。学生实施后，自我评价，教师再检查评价	5~6 人组成一个项目小组，各成员分工负责，并适当轮换岗位	在松毛虫幼虫期、蛹期、成虫期分段进行；较大面积有松毛虫的幼龄人工松林	1 周
2	森林病虫鼠害防治作业	食叶害虫防治作业	采用项目教学法，由教师提出任务，并指导学生设计实施方案。学生实施后，自我评价，教师再检查评价	5~6 人组成一个项目小组，各成员分工负责，并适当轮换岗位	在食叶害虫危害盛期的春秋季；有较大面积的食叶害虫危害的松林、杨林、榆林等	0.5 周
	农药药效试验	苗木病害防治药效试验	采用项目教学法，由教师提出任务，并指导学生设计实施方案。学生实施后，自我评价，教师再检查评价	5~6 人组成一个项目小组，各成员分工负责，并适当轮换岗位	在有叶部或根部病害的苗圃，在苗木发病严重的季节进行	0.5 周

（续）

序号	综合实训项目	实训内容	教学方法	组织形式	实训环境与季节	实训时间
3	森林植物检疫	产地检疫	采用实习教学法	5～6人组成一组进行	在病虫活动季节进行。有检疫对象的苗圃、种子林和贮木场各一处	0.5周
		调运检疫	顶岗实习法	以个人或小组为单位	当地森检机构	1周
4	森林防火规划的编制（选做）	编制国有林场或乡镇集体林场森林防火规划，并针对一个森林防火期，制定林场森林防火工作计划	由教师或生产单位给定任务和目标；教师指导学生开展森林防火规划调查；学生设计工作方案；采取自我评价、小组评价和教师评价相结合的方法，考核学习效果	学生分组进行，5～6人一组；小组内要有明确分工，协同合作	在实习林场、校企合作林场或乡镇集体林场进行；四季均可，在当地防火期内进行最宜	1周
	森林火灾应急预案制定与扑火的实战演练	森林防火应急预案制定、森林火灾扑救模拟实战演练	采用模拟训练模式。给定任务和现实条件；学生结合林区实际条件设计工作方案；教师指导学生演练实际操作环节；采取自我评价、小组评价和教师评价相结合的方法，考核学习效果	学生分组进行，10～12人一组；小组内要有明确分工，并轮流换岗	在实习林场校企合作林场、森林公园、风景旅游区进行；实训的时间宜选择当地防火期以外的季节进行（夏季除外）	

注：综合实训时间安排未包括每个项目从开始到呈现实训结果整个过程的间隔时间，因此，各项实训内容必须穿插安排内容，方能完成规定的内容。

根据实训项目的性质，本综合实训课程主要采用项目/任务训练模式，这种模式针对性强，操作性强，有利于培养学生收集信息、制定计划、实施计划和分析解决问题的能力，有利于养成学生自主学习习惯，培养创新能力和团队合作的能力，能取得单项技能训练所不能实现的教学目标。该实训模式的教学组织结构见图Ⅰ-1。

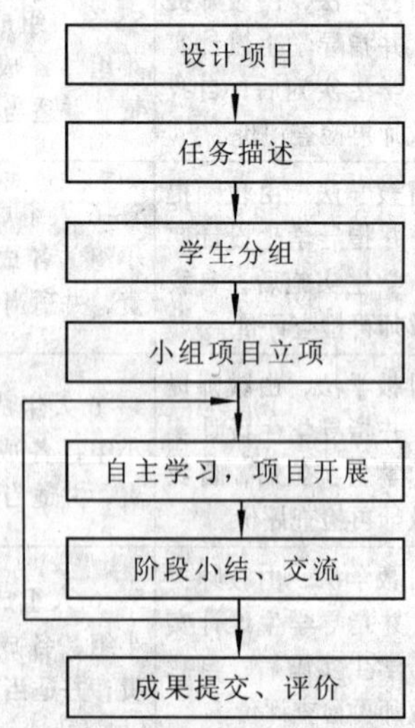

图Ⅰ-1 “项目/任务驱动”实训模式示意图

四、综合实训条件配备要求

（一）师资配备

每个标准班型配备具有森林病虫害防治和森林防火实践经验的指导教师各 2 人，顶岗实习或结合生产任务完成综合技能训练项目。在学生实习所在单位应选聘有森林病虫害防治工作经验和森林防火工作经验的中级以上专业技术人员 1～2 名。

（二）实训场所

森林病虫害防治综合实训应在校属的实习林场和实习苗圃进行；不具备条件的，可利用校外的校企合作的林场、苗圃。用于森林病虫害一般调查技能训练的天然林，其面积至少应在 $50hm^2$ 以上，且树种较多、植被情况好；用于松毛虫监测预报调查技能训练的，应具有面积 $20hm^2$ 以上的有松毛虫危害的人工幼龄松林；用于食叶害虫防治作业训练的林分，应是面积在 $3hm^2$ 以上的有食叶害虫危害的人工幼龄林；用于苗圃苗木病害药效试验的，应是面积在 $3000m^2$ 以上，有叶部病害的圃地；用于产地检疫技能训练的苗圃、种子林、母树林及贮木场应具有检疫对象存在为宜；在森检机构顶岗实习调运检疫技能的应是检疫业务量比较大的站点。森林防火实训场所应选择在国有林场或乡镇集体林场进行。

（三）实训设备

1. 林分因子测定用品

罗盘仪、测绳、望远镜、测树仪、直尺、量角器、围尺、计算器、电子求积仪、风向风速仪、温湿度计、地形图、林相图等。

2. 标本采集制作与鉴定用品

显微镜、解剖镜、放大镜、捕虫网、枝剪、刀锯、养虫笼、毒瓶、三级台、展翅板、昆虫针、剪子、镊子、木柱升降器、标本夹、标本盒等。

3. 检疫用品

软 X 光机、熏蒸箱、帐幕、熏蒸剂以及检疫单证等。

4. 防治作业用品

防护服、橡胶手套、口罩、背负式喷雾器、弥雾喷粉机、量筒、天平、脸盆、杀虫剂、杀菌剂、燃油、水等。

5. 森林防火用品

风力灭火机、2 号扑火工具、点火器、火险尺等。

（四）学习资料

①综合实训指导书。

②《林业有害生物控制技术》教材。

③森林昆虫与真菌分类专著。

④森林植物检疫对象图册。

⑤森林植物检疫技术操作办法。

⑥《森林经营技术》教材。
⑦《便携式风力灭火机使用安全规程》。
⑧《森林火灾扑救技术规程》。

五、考核与评价

(一)学生能力考核评价

学生能力考核评价内容包括专业技能和通用能力养成2个方面。专业技能考核内容主要为森林病虫害的调查、防治与检疫和森林防火的技能，通过制定方案、实际操作过程和实训报告等形式赋分考核，一共分解为9项内容进行评价(见表Ⅰ-2)。学生通用能力养成考核评价主要看学生在实训中的表现，共分6项内容(见表Ⅰ-2)，两项满分为100分，其中专业技能为67分，占全部成绩2/3。

考核评价主体由指导教师和学生小组两部分组成。指导教师要对综合实训全过程进行跟踪指导，做好记录，对每名学生的实训表现逐日记载，对学生制定的方案和撰写的实训报告逐本审批，并记录在案。实训结束后，对每个学生逐一打分，评出成绩。学生所在小组在小组长带领下，要对本组成员的实训态度、实训纪律、实训工作量如实记载。在实训结束时，采取无记名形式进行互评，取得每人的平均分。学生实训总成绩由指导教师评定的成绩和学生小组互评成绩组成，其中前者占70%。

表Ⅰ-2　学生综合实训考核评价表

考核类别	考核内容	评价标准	配分	小组成员互评平均分	指导教师评价分
专业技能	病虫害调查方案拟定	符合实际；符合技术规定；不漏调查内容。每缺一项扣2分	7		
	病虫标本制作	符合程序、美观；在规定时间完成。每缺一项扣3分	8		
	撰写调查报告	独立完成；符合规定体例；内容完整。每缺一项扣3分	8		
	防治方案制定	符合技术规定；可行性强；有创新。每缺一项扣3分	8		
	施药作业	使用药具规范；喷药方法正确；完成人均工作量。每缺一项扣2分	7		
	防治效果分析	数据计算准确；提出正确的分析意见。每缺一项扣2分	7		
	检疫技术	检疫单证填写正确，不漏内容；抽样方法正确；抽样数量准确；能查清种类。每缺一项扣2分	8		
	森林防火规划制定	防火用图绘制规范美观；规划书体例规范；内容符合规划原则要求；有可行性。每缺一项扣2分	8		
	扑火模拟演练	灭火案制定可行；灭火器具会用；扑火方法得当；会自救。每缺一项扣2分	6		

（续）

考核类别	考核内容	评价标准	配分	小组成员互评平均分	指导教师评价分
通用能力养成及实习表现	参加实训时间	全程参加实训不缺席。每缺 2 学时扣 1 分	6		
	遵守实训纪律情况	要求在实训期间无违纪现象。每违纪 1 次扣 2 分	6		
	承担实训工作量	态度积极，主动承担任务不怕脏、不怕累。根据全组人员承担工作量情况打分	9		
	分析与解决问题能力	能运用所学知识正确解释实训中遇到的专业问题，并能提出解决问题办法。可通过实训过程和实训报告考核，酌情给分	3		
	组织协调能力	能调动本组人员积极性，协调各种关系。根据平时考察赋分	3		
	团结合作能力	实训中能与人合作，互相帮助。根据平时考察赋分	3		
	创新应变能力	能根据实训现场环境提出合适的实训方案和操作办法。根据平时考察赋分	3		

（二）对指导教师的评价

综合实训结束后，学校组织督导组成员和学生代表用无记名方式对指导教师进行评价，其中督导组成员评价占 60%，学生评价占 40%（见表Ⅰ-3）。

表Ⅰ-3 综合实训指导教师评价表

指导教师姓名： 指导实训项目： 指导学时数：

序号	评价内容	评价标准	分值	得分
1	教学态度	教学态度端正、工作认真	20	
2	专业理论水平	知识面广、能掌握新知识、应用能力强	15	
3	专业技术水平	技能全面，水平高	15	
4	教学方法	教学方法灵活，因材施教	30	
5	教学质量	学生学习有兴趣，实训内容掌握扎实	20	
合　计			100	

（三）课程评价

综合实训结束后，教师应采用调查问卷形式征求学生对综合实训课的意见和建议，作为课程评价的参考。设计的主要问题如下：

1. 你认为本课程最有实用价值的内容有哪些？
2. 哪些问题需要进一步了解或得到帮助？
3. 你对综合实训课程的教学有哪些建议？

Ⅱ. 综合实训指导

实训1　森林病虫鼠害一般调查

一、任务描述

森林病虫鼠害一般调查是监测、预测预报对象调查工作最基本的方法。

监测、预测预报对象的调查是森林病虫害预测预报最基本的日常工作，主要是对森林病虫鼠情当前或近期一段时间内害虫(鼠)的种群密度水平、危害程度、发育进度状况，病害的感病指数、危害程度等的调查。可采用一般调查法和系统调查法。其调查结果是分析未来森林病虫鼠害动态的重要信息源。所谓监测对象是指种群密度波动幅度极大、大发生频度低，而一旦暴发危害十分严重或者是长期处于低密度水平的病虫类群；测报对象一般是指大发生频率高、种群密度水平波动大，但始终为该林区主要优势种群的病虫鼠类群。根据调查、观测的内容，可分为一般调查和系统调查。

一般调查是根据测报对象自身的生物学特性和其在林间的分布型，按一定的抽样理论对所辖范围内森林病虫鼠测报对象种群密度或危害程度进行的全面实地调查。该种调查既适用于测报对象的面上调查使用，也适用于监测对象的监测调查。调查的目的在于全面查清当地某一时期测报对象的发生和危害情况。其调查管理程序如下。

1. 落实专(兼)职病虫鼠情调查人员

首先，在国有林场或区、乡(镇)林业工作站内，根据森林的面积大小和分散程度，确定日常定期调查必须的人员数量。一般由林场、乡(镇)林业工作站的森保员来负责调查的组织、检查和日常管理工作。然后，将林分划分为若干虫情调查责任区，一般以护林员的护林责任区为基本单位，调查人员一般为护林员。他们在日常巡护过程中，按规定的虫情调查时期进行野外调查记录，并将调查的原始数据资料按要求报给本场或林业工作站的森保员。防治管理机构要对人员的落实情况和调查工作质量进行规范性检查和监督。

2. 明确调查员的任务

森林病虫鼠防治机构和林场(乡)森保员，要根据每名调查员调查区内森林种类和分布情况，明确其负责调查的病虫种类，即重点调查对象和一般监测对象，调查的时间、次数、方法和项目等。如果任务不明确、不具体，护林员就不能很好履行调查员的职责，不能完成

调查任务或出现严重的错误。

3. 培训调查人员

要针对每个调查员和森保员所承担的工作任务，采取组织培训班、以会代训、现场培训或调查前示范培训等多种办法，使他们能熟练掌握调查任务所必需的各种调查方法和工作程序。培训要紧密联系每个人实际工作内容，侧重实用技术和可能遇到的难题，然后再逐步落实专业基础知识。

4. 制定调查网络的管理制度

防治管理机构要在建立调查网的同时，充分发挥管理职能，强化管理措施，制定严格的管理制度，规范有关森林经营单位的森保员、调查员的工作，以保证这项工作能在统一的组织指挥之下，有条不紊、有秩序地进行。一般的制度有虫情调查领导责任制、森保员岗位责任制、调查员区域负责制、调查员管理制度、定期调查报告制度等。

5. 制定调查工作历

森林病虫鼠害种类多，生活习性又千差万别，不同种类的病虫鼠，其最适宜的种群密度调查时间不会相同；同一种类由于地理位置的不同，调查时间也不一样。因此，编制病虫鼠情调查工作历，是搞好日常定期性调查管理的一项重要的手段，也是各级防治管理机构行使日常管理职能具体表现形式之一。病虫鼠调查工作历的具体内容要因使用对象的不同而变动，其基本内容有调查起止时间、调查种类及发育阶段、调查内容、调查准备工作、调查负责人及调查人、调查单位和地点、调查要求结果等。

6. 编制森林病虫鼠情调查统计报表

各种调查记录表、统计表和汇总表是森林病虫鼠情野外调查结果的载体，也是日常定期性森林病虫鼠情野外调查结果的载体。森林病虫害防治机构都有统一编制的规范性表格供调查使用。

野外调查原始记录表主要是为调查员野外调查作记录而设计的。设计原则是项目具体明确、简便易记，便于携带和保存。不同的病虫鼠种类在不同的发育时期，表内所含内容和项目有很大差异。一般包括调查地点、时间、所调查病虫发育阶段、调查株号或标准枝号、调查单元的病虫鼠数量，以及所代表的林地面积等。原始记录表一般可以直接供调查员使用，由县级防治管理机构根据各地具体情况，确定其中某些表格的适用范围和使用方法。调查记录格式一经确定，一般不要轻易变动内容和项目，以免破坏调查资料连续性。

病虫鼠情调查统计汇总表是为综合统计汇总各调查员的野外调查记录而设计的，通过统计汇总表可以看出各种森林病虫鼠害在各虫情调查责任区及至全林场(或乡、镇、苗圃)的发生情况。这类表一般由县级防治管理机构编制，供森保员使用。由森保员在每个病虫鼠害调查期结束后，及时将本调查期内所有调查员的野外调查记录表按病虫鼠种类和地块进行分类统计汇总，见表Ⅱ-1-1。

对于森林病虫鼠情调查的质量，可通过现场检查和资料审核的方法进行检查。其检查内容包括如下几方面：

一是标准性检查，即检查调查工作是否按规定要求开展的；是否采用了规定的调查方法；每项调查资料是否符合规定的要求，是否按规定要求收集。对于统计、汇总资料，要检查所使用的计算方法、统计指标是否统一等。

表Ⅱ-1-1 ______月份森林病虫鼠情调查统计表

单位名称：

病虫鼠名称及发育阶段	应调查林分的林班号或地点	实际调查林分的林班号或地点	规定调查的标准地数	标准地编号	代表面积	平均虫口密度/感病指数/鼠捕获率/被害率	原始记录编号	备注

统计时间：　　　年　　月　　日　　　　　　　　　　　　　　　　　　　统计人：

二是真实性检查，检查调查数据资料是否符合森林病虫鼠害的发生发展规律，是否真正按规定在林地内经实地调查而来，其原始调查记录的科学性和真实性如何。一旦发现疑问，就要进行复查，对不真实部分进行处理。

三是准确性检查，要对调查资料进行可靠性分析，尤其要检查资料有无不合理或矛盾之处，检查的重点是调查标准地的位置、取样方法、调查的时间、调查取样的数量等是否符合规定或符合当地客观情况等。

四是全面性检查，检查某一规定的调查时期和调查范围内，规定调查的病虫鼠种类在某一区域内有无遗漏，资料是否齐全，规定的调查项目有无空白或谬误之处。

8. 森林病虫鼠情调查资料的整理分析

野外调查得来的原始调查记录资料只反映了调查总体内各个个体具有的数量特征，它们虽然包含着表现总体特征的各种有用的信息，但数据是离散的，只有依据一定的方法进行科学整理，才能使总体的特征和规律性显露出来，而科学整理的基础就是对资料的统计汇总。调查测报人员在按规定收集所有调查资料之后，就要按规定的统计内容和项目进行分类统计汇总，然后进行分析。同时，要根据生产上对森林病虫鼠情的实际需求，按管理层次制定出不同类型的统计表。

(1)百分率

$$\text{标准地有虫株率} = \frac{\text{有虫株数}}{\text{调查株数}} \times 100\%$$

$$\text{标准地林木感病率} = \frac{\text{发病株数}}{\text{调查株数}} \times 100\%$$

$$\text{害鼠夹日捕获率} = \frac{1}{100} \times \text{每百个鼠夹放置 24h 的捕鼠数} \times 100\%$$

$$\text{减退率} = \frac{\text{前次调查所得数(率)} - \text{本次调查所得数(率)}}{\text{前次调查所得的数(率)}} \times 100\%$$

(2)平均数

平均数是表示调查总体内各样本单元的特征值。在森林病虫鼠情调查数据资料中，主要有下列几种：

$$\text{标准地平均虫口密度} = \frac{\text{各样株(或样枝、样方等)害虫数总和}}{\text{调查样株(或样枝、样方等)数}}$$

$$\text{林分平均虫口密度} = \frac{\text{本林分内各调查标准地害虫平均密度的总和}}{\text{本林分内调查标准地数}}$$

$$林分平均感病率 = \frac{林分内各调查标准地的病株百分率总和}{本林分调查标准地数} \times 100\%$$

9. 森林病虫鼠情的报告

在对病虫鼠情野外调查记录和统计汇总表数据进行整理分析后，要按森林病虫害灾情应急管理办法的要求以及森林病虫鼠害发生面积统计指标和灾情分级标准进行检验后报上级有关部门。其主要内容有：病虫鼠害发生种类和发育阶段、发生面积(含轻、中、重灾面积)、发生地点、林分受害现状或预测受害程度、防治意见等。此表由于报告单位级别不同，发生地点栏地名大小有明显区别，一般省级报告表只标到林场，市(地)级的报告表须标到具体小班或具体的地点。

二、实训设计与指导

(一)实训目标

通过本次实训，使学生初步学会制定森林病虫鼠害调查的方案，明确调查前应准备的有关工作事项，熟悉调查取样方法，掌握本地区主要病虫鼠害的一般调查技术，进一步熟练森林病虫标本的制作方法，并能对调查资料进行统计分析。

(二)实训场所与器材

在森林病虫鼠害发生季节，选择拥有 $50hm^2$ 以上天然次生林和不低于 $20hm^2$ 的幼龄人工松树林，且有松毛虫危害的、昆虫种群丰富的林场 1 处。

实训器材包括：罗盘仪、测绳、测高器、围尺、望远镜、显微镜、解剖镜、放大镜、捕虫网、枝剪、刀锯、木柱升降器、采集袋、毒瓶、毒管、标本夹、标本盒、展翅板、三级台、昆虫针、镊子、玻片、刀片、养虫笼、记录夹等。

(三)实训的组织与流程

该项目采取项目任务实训模式。首先由教师布置实训任务，将班级按每 5 ~ 6 人划分成 1 个项目小组；在小组长带领下，根据教师提出的任务，制定实训方案；经教师批准后，组织实施。在实施过程中，教师予以场外指导。实习结束后，撰写实习报告，教师批阅，并辅以现场考核。

森林病虫鼠害一般调查采用如下工作流程：林分踏查→选择调查对象和范围→制定调查方案→编制调查表格→准备调查物品→确定标准地→开展详细调查并采集标本→室内鉴定标本→调查资料整理统计→调查资料分析→撰写调查报告。

(四)操作内容与方法

1. 确定调查范围和调查对象

在实训区域内，在踏查基础上，参照林相图，选择有病虫鼠害发生的天然次生林或人工混交林 $50hm^2$ 以上中幼林，划为森林病虫鼠情调查范围。根据踏查初步结果，选择优势树种的优势病虫鼠种群确定为该区域内的重点调查对象；其他选择 3 ~ 4 种(最好病虫鼠均有代表)可作为一般调查对象。

2. 制定调查工作历

将已确定的重点调查对象和3～4种一般调查对象，按其发育阶段设计调查内容、调查时间及调查要求的结果，按《林分病虫鼠情调查工作历》的表格式样填入其中。

3. 编制调查统计表

根据实训区域内森林病虫鼠害发生情况，参照表Ⅱ-1-2至表Ⅱ-1-12式样，设计出原始调查记录用表。

表Ⅱ-1-2 种实害虫调查表

编号： 调查日期： 年 月 日 调查地点：
林班： 小班： 树种： 树高：
胸径： 林龄： 郁闭度： 种实发育阶段：
坡向： 标准地面积及代表面积： 林木株数： 调查抽样方法：

标准地号	调查果实数	受害果		害虫			平均受害率（%）	备注
		个数	受害率（%）	名称	虫态	每一果实平均虫数（个）		

调查人：

表Ⅱ-1-3 地下害虫调查记录表（式一）

调查日期： 年 月 日 编号：
调查地点：
地形地势： 土壤情况： 前作植被：
样坑排列方式： 样坑代表面积：

样坑号	害虫名称	虫态	害虫数量（个）	备注
1				
2				
⋮				
N				

调查人：

表Ⅱ-1-4 地下害虫调查记录表（式二）

调查日期： 年 月 日 调查地点：
地形地势： 土壤情况：
前作植被：
样坑号： 样坑面积：

样坑深度（cm）	害虫名称	虫态	害虫数量（个）	备注

调查人：

表Ⅱ-1-5 叶部害虫调查表

调查日期： 年 月 日 调查地点：
林班： 小班： 林木组成：
林龄： 树高： m 胸径： cm 密度：
坡度： 坡向： 海拔： 郁闭度：
标准地位置： 标准地面积： 抽样方法：
本标地与第 号标地共代表面积：
虫口密度： 有虫株率： 受害株率：

标准地号	标准树受害程度				害虫				标准枝		备注
	健康	轻度	中度	严重	名称	虫期	数量(个)	天敌	数量(个)	受害率(%)	

调查人：

表Ⅱ-1-6 枝干害虫调查统计表(式一)

调查时间	调查地点	林班号及面积	标准地号及面积	林分因子	调查总株数(株)	无虫健康树		有虫健康树		衰弱木		枯萎树		风倒木(株)	风折木(株)	虫种	虫期	备注
						株数	%	株数	%	株数	%	株数	%					

调查人：

表Ⅱ-1-7 枝干害虫调查统计表(式二)

调查时间	调查地点	林班号	林班标地号	标准地					虫口密度				虫种	备注
				号数	树高(m)	胸径(cm)	树龄(a)	样方(m^2)	幼虫(个)	蛹(个)	成虫(个)	卵(个)		

调查人：

表Ⅱ-1-8 苗木病害调查记录表

调查日期： 年 月 日 编号：
苗木种类： 苗龄： 苗高：
样号： 样方面积： 前作植被：
感病指数： 本标地样方与第 号样方共代表面积：

病级代表数值	0	1	2	3	4	5
株数(株)						

调查人：

表Ⅱ-1-9　叶部病害调查记录表

调查日期：　　年　　月　　日　　调查地点：　　　　编号：
林班：　　　　　　　　　　　　小班：　　　　　　林木组成：
林龄：　　　　树高：　　　　　　胸径：　　　　　　密度：
标准地位置：　　　　　　　　　　标准地面积：　　　　抽样方法：
坡度：　　　　坡向：　　　　　　海拔：　　　　　　郁闭度：
本标地与第　　号标地共代表面积：

病级代表数值	0	1	2	3	4	5	6
各组株数（株）							

调查人：

表Ⅱ-1-10　枝干部病害调查记录表

调查日期：　　年　　月　　日　　调查地点：　　　　编号：
林班：　　　　　　小班：　　　　林木组成：　　　　密度：
林龄：　　　　　　树高：　　　　胸径：　　　　　　郁闭度：
坡度：　　　　　　坡向：　　　　海拔：　　　　　　标准地位置：
标准地面积：　　　抽样方法：　　调查株数：　　　　发病率：
本标地与第　　号标地共代表面积：

调查株号	干部发病级				枝条发病		新梢发病		备　注
	0	1	2	3	总枝数（条）	病枝数（条）	总梢数（个）	病梢数（个）	

调查人：

表Ⅱ-1-11　森林害鼠密度调查记录表

林班：　　　　小班：　　　　地点：　　　　编号：

林型	树种	林龄	坡度	郁闭度	坡向	林分面积	内设标准地数	调查面积	捕鼠数	密　度		各种鼠类比例						备注
										面积密度	捕获密度	数量	%	数量	%	数量	%	

调查日期：　　年　　月　　日　　　　　　　　　　调查人：

表Ⅱ-1-12　林木鼠害发生情况调查记录表

调查时间	调查地点	林班号及面积	标准地号及面积	树种	坡度及坡向	坡位	郁闭度	调查总株数	无害株数	被害株数及被害度						被害前害鼠密度	备注
										总被害株数	总被害率	其中					
												轻害		重害			
												株数	%	株数	%		

调查日期：　　　年　　月　　日　　　　　　　　　　　　　　　　　调查人：

4. 调查员业务培训及安全教育

对参加实训的每名学生由指导教师负责组织，对整个调查的步骤与方法进行统一的培训，要求做到调查步骤统一、调查取样方法统一、数据记录统计统一，提高准确性。并对学生进行林内生产安全方面教育，如防走失、防蛇咬、攀树注意事项等。

5. 调查物品准备

调查时携带和使用的常用工具有：镊子、修枝剪、手持放大镜、手持低倍显微镜、计数器、测绳或测尺、标本采集盒、毒瓶、广口瓶、各型试管、玻片盒及玻片、取样刀、铲或锹、测树仪、温湿计、捕虫器、捕鼠器等。此外，还要备一些纸、绳、棉花、药品等消耗品。

6. 开展标准地调查

根据所确定的调查对象种类及分布特性，可在五点式、对角线式、棋盘式、“Z”字形、平行线式等取样方式中选取合适的方法选取标准地，每个标准地面积不少于 0.05hm^2，标准地总面积应控制在调查总面积的 0.1% ~0.5%。用测绳量取每个标准地的边长，并对每个标准地进行编号。根据所确定的调查对象的类别，分别按下列方法进行标准地调查。每个标准地都要按原始调查表样的要求调查标准地内的林分因子，并做好记录。

(1) 主要害虫调查方法

①种实害虫调查　在标准地内可按对角线、隔行或“Z”字形方法选取样株，一般选取 5 ~10 个样株。在每个样株上，分树冠的上、中、下和阴、阳面等 6 个区域，各抽查 30 ~40 个种实(种实较大的 20 个)，检查有虫种类，计算虫果率和虫口密度，并填入种实害虫调查表。

另外，在种实采收后，可在有代表性的种实堆四周、中央、表面、里层抽查一定数量种实，进行有虫果率和虫口密度调查。

②地下害虫调查　地下害虫调查时间应在春末至秋初，地下害虫多在浅层土壤活动时期为宜。抽样方式多采用对角线式或棋盘式。样坑大小为 0.5m × 0.5m 或 1m × 1m。按 0 ~5cm、5 ~15cm、15 ~30cm、30 ~45cm、45 ~60cm 段等不同层次分别进行调查，填写地下害虫调查记录表。

③食叶害虫调查　在有食叶害虫危害的林地内选定标准地，调查主要害虫种类、虫期、数量和危害情况等。在样地内可逐株调查，或采用对角线法、隔行法，选出样树 10 ~20 株进行调查。若样株矮小(一般不超过 2m)，可全株统计害虫数量；若树木高大，不便于统计

时，可分别于树冠上、中、下部及不同方位取样枝进行调查。落叶和表土层中的越冬幼虫和蛹、茧的虫口密度调查，可在样树下树冠较发达的一面树冠投影范围内，设置0.5m×2m的样方(0.5m一边靠树干)，统计20cm土深内主要害虫虫口密度，记录在叶部害虫调查表。

④蛀干害虫调查　在发生蛀干害虫的林地中，选有树100株以上的样地，分别调查健康木、衰弱木、濒死木和枯立木各占的百分率。如有必要，可从被害木中选3~5株，伐倒，量其树高、胸径，从干基至树梢剥一条10cm宽的树皮，分别记载各部位出现的害虫种类。虫口密度的统计，则在树干南北方向及上、中、下部、害虫居住部位的中央截取20cm×50cm的样方，查明害虫种类、数量、虫态，并统计每平方米和单株虫口密度，记录在枝干害虫调查统计表。

(2)主要病害调查方法

①苗木病害调查　在苗床上设置大小为$1m^2$的样方，样方数量以不少于被害面积的0.3%为宜。在样方上对苗木进行全部统计，或对角线取样统计，分别记录健康、感病、枯死苗木的数量。同时记录圃地的各项因子，如创建年份、位置、土壤、杂草种类及卫生状况等，并计算发病率，记录在苗木病害调查记录表。

②叶部病害调查　按照病害的分布情况和被害情况，在样方中选取5%~10%的样树，每株调查100~200个叶片。被调查的叶片应从不同的部位来选取，统计发病率，计算病情指数，记录在叶部病害调查记录表。

③枝干病害调查　在发生枝干病害的林地中，选取不少于100株的林分作样本，调查时，除统计发病率外，还要计算病情指数，记录在枝干部病害调查记录表。

(3)主要鼠害调查方法

①用土丘系数法调查鼢鼠密度　在被害林分中选择$1hm^2$大小的标准地若干块，标准地总面积应占总调查面积的1%~2%，统计标准地内新土丘数；然后用锹挖开洞道，间隔2昼夜后，检查记录被封洞口数(即有效洞口数)。在有效洞口布置弓箭(地箭)捕杀鼢鼠，弓箭与洞口距离为切开的洞口直径的2倍为宜。1昼夜检查1次，及时重设弓箭，连续捕杀2昼夜。

用实捕鼢鼠数除以土丘数即得出土丘系数；用土丘系数乘以各类标准地的土丘数即推算出各标准地内鼢鼠的相对数量。用标准地内鼢鼠相对数量，除以标准地面积可求出鼢鼠密度(只/hm^2)。用捕获的鼢鼠数除以设置弓箭与捕鼠昼夜数的乘积再乘以100，可得出捕鼠率。

②用夹日法调查田鼠、鼢鼠的密度　在林分内选择标准地，每块$1hm^2$，标准地总面积占总调查面积1%~2%。白天检查鼠夹(中号)，准备好诱饵(白瓜子、玉米粒、花生米等)。在傍晚或下午在标准地内以2~3人1组，以5m为夹距，20m为行距布夹。24h后检查1次，48h后将鼠夹收回。计算捕获率[捕获鼠数/(鼠夹数×放置昼夜数)]。将调查结果填入森林害鼠密度调查记录表。

③林木受害情况调查　在春季积雪融化后进行。在踏查基础上，选择被害株率3%以上的地块设置标准地，每个标准地为$1hm^2$，每块标准地划成10~15个样方，从中选取3个样方，要求每个样方不少于100株树木。在选好的样方内逐一调查被害株数和死亡株数。填写林木鼠害发生情况调查记录表。

(4)主要天敌调查方法

天敌调查(及天敌标本的采集)随同病虫害调查进行。着重调查天敌种类与数量，记录在天敌调查统计表（表Ⅱ-1-13）。

对于寄生性昆虫和致病性微生物等天敌的数量统计，分少量、中等和大量三级，各级的划分标准和符号为：寄生率在 10% 以下记少量，符号为“ + ”；寄生率在 11% ~30% 记中等，符号为“ + + ”；寄生率在 31% 以上记大量，符号为“ + + + ”。对于捕食性昆虫及有益的鸟兽，调查时记载种类和实际数量，并注明常见、少见、罕见等。

表Ⅱ-1-13　天敌调查统计表

调查地点	调查日期	调查株数（株）	天敌种类及其数量(头)														折合百株天敌数单位（个）	备注
			捕食性天敌							寄生性天敌				其　他				

7. 病虫标本制作

每天将采集到的有价值病虫及时制作成标本，具体方法见《林业有害生物控制技术》教材中的相关章节。

8. 调查资料整理分析

汇总外业调查的病虫鼠情各类信息资料，及时按调查单位和种类分别进行统计、计算和分析。

(1) 调查资料的统计汇总

将原始外业材料按类别汇总，统计主要病虫鼠的发生量(虫口密度、有虫株率，感病指数、感病株率，捕获率等)、分布范围和发生面积危害程度、种群质量等，统计计算通常采用算术平均数计算法和平均数的加权计算法。算术平均数计算法计算公式如下：

$$\bar{X} = \frac{x_1 + x_2 + x_3 + \cdots + x_n}{n} = \frac{\sum x}{n}$$

式中 $\bar{X}$ 为算术平均数，n 为抽样单位数，x_1，x_2，x_3，…，x_n 分别为 1 ~ n 个取样单位的数据，∑为总和。

平均数的加权计算法计算公式如下：

$$\bar{X} = \frac{f_1 x_1 + f_2 x_2 + f_3 x_3 + \cdots + f_n x_n}{\sum f} = \frac{\sum fx}{\sum f}$$

式中 f 为权数(权数是指数值相同的各数据的比重)。在计算林地害虫、害鼠平均虫口密度或危害率时，需用此计算方法。

(2) 调查资料分析

根据调查资料，运用森林生态学和有害生物发生发展规律的理论知识，分析主要病虫鼠害发生的原因特点、发展趋势等情况。

(3) 写出调查报告

报告内容一般包括以下几个方面。

调查地区的概况：包括自然地理环境、社会经济情况、森林资源概况、林业生产和管理情况及森林病虫鼠害情况等。

调查成果的综述：包括主要林木的主要病虫鼠害种类、发生面积危害程度和分布范围，主要病虫鼠害的发生特点、生物学特性、发生原因及分布规律、天敌资源情况等。

病虫鼠害综合治理的措施和建议。

附录：包括调查地区林木病虫鼠害调查名录，天敌名录，主要病虫鼠害发生面积汇总表，主要病虫鼠情分布图。

(五)技能考核标准(表Ⅱ-1-14)

表Ⅱ-1-14 技能考核标准一览表

序号	考核项目	考核方式	考核时间	合格标准
1	病虫标本制作	现场制作 由教师评分	外业调查期间	在0.5h内能制作5个蛾蝶类展翅标本，标本干燥后评定质量 在要求时间内完成，操作过程正确，翅展，足、体位置针插高度规范，无损坏
2	病虫害调查方案拟定	独立撰写 由教师批阅	踏查之后完成	方案独立完成；符合实际有可行性，不漏调查内容和程序；符合技术规定，有科学性
3	撰写调查报告	独立撰写 由教师批阅	该项目结束后完成	独立完成；体例正确；内容完整；语言通顺，有逻辑性；分析部分有独到见解；无错别字

实训2 森林病虫鼠害监测调查

一、任务描述

监测调查是指为满足预测需要，或是为进一步确定影响森林病虫鼠种群密度消长的有关因子对森林病虫鼠种群作用的大小和规律而进行的调查，如了解掌握当地不同林分条件、不同立地条件、不同气象条件和天敌因子作用下，测报对象种群在各发育阶段存活率(死亡率)、增殖率和森林病原微生物定量水平和危害程度的关系等。监测调查一般也称为点上调查。首先，要根据本区域内的监测调查对象和森林的分布状况，选择有代表性的林分和地点设立监测调查点。其次，在监测调查点内，根据调查对象的生物学、生态学特性选设调查林分，并在调查林分内设一定数量和面积的标准地，标准地内要根据需要设置一定数量的标准株。监测调查的标准地、标准株的设置、调查时间、内容、方法等，在测报对象的测报办法或技术操作规程中都有明确规定。

对测报对象在其适生区域内的非发生区或低虫口(未达到发生面积统计标准)分布区域调查时，一般与监测对象一样，采取一般调查，即面上调查方法。监测对象在监测调查中发现种群数量呈上升趋势时，其调查方法应采取系统观测与调查的方法。森林病虫鼠害系统调查的程序如下。

(一)确定监测调查对象(测报对象或监测对象)

确定系统调查对象应选择那些种群波动大，受外界环境影响大，曾大发生或在本地有大发生可能，且目前自然存活或发展规律未完全搞清的主要病虫鼠种类。

(二)设置监测调查点

监测调查点是按照统一的规划，为准确掌握当地森林病虫鼠情发生发展规律而设立的具有调查林分、调查标准地、观测仪器设备和固定工作人员的劳动组织。监测调查对象应重点选择当地曾经大发生或目前在局部地块和周边地区正在发生而本地又是该种病虫鼠害适生区的种类。在这些病虫鼠种类的分布区内按不同自然条件和森林类型选定监测调查点的坐落位置。监测调查点的位置和所设立的监测调查林分在规范的区域内必须具有很强的代表性。监测调查点的多少和布局，应视当地林分状况和森林病虫害发生发展规律认识程度来确定。在设点初期，点数要多。经过监测调查工作一段时期后，随着监测调查任务的完成和对森林病虫鼠害发生发展规律的不断总结，监测调查内容会逐步减少。在所有监测调查项目均可用于开展准确科学的预测预报时，监测调查点的系统观测可转为一般调查或根据需要进行调查。另外，在调查过程中，如遇到意外情况使监测调查无法进行时，需由原设点单位决定变更地点或撤销。

监测调查点在管理上，一般采取分级管理的办法，即各级测报站点可根据测报工作开展的需要设立直接进行系统监测业务的监测调查点。直接按国家林业局规定的调查内容和任

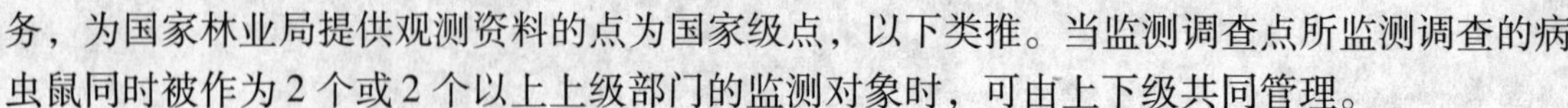

务，为国家林业局提供观测资料的点为国家级点，以下类推。当监测调查点所监测调查的病虫鼠同时被作为2个或2个以上上级部门的监测对象时，可由上下级共同管理。

(三)监测调查点的人员配备

一般每个点要至少配备2名监测调查员，由其中1名负责或由林场的森保员负责。系统调查人员的主要职责为：①承担规定的野外监测调查任务；②负责整理保存各类监测调查资料和档案；③如期上报各类调查资料；④如实反映调查中遇到的技术问题。

(四)监测调查点的仪器配备

监测调查点应有单独的工作室，并配备资料档案柜、标本柜和必要的采集、调查、饲养、观测等仪器和工具。

(五)调查林分与标准地的划定

调查林分与标准地是监测调查员按规定进行野外监测调查的具体地点，也是森林病虫鼠情预测资料的信息源。调查林分内的观测标准地主要用于预测对象的发生数量或发病程度、林木受害程度的观测调查。调查标准地以外的调查林分主要用于预测对象的发生期及害虫存活率的系统调查。调查林分和观测点的数量视所承担的预测对象的种类多少来确定。一般在森林病虫鼠害发生区内，在同一类型区内选择3～5处即可。

选择监测林分时，可综合考虑观测点所在的地理环境、交通条件、预测对象的发生和分布情况、林分状况、立地条件等方面的因素，以设在常发地和具有代表性为基本准则。观测林分选定后，要按年度对调查林分的基本情况作调查，填入监测调查林分登记表(表Ⅱ-2-1)。观测林分除正常的抚育间伐等经营管理措施外，一般不采取防治措施。必须增减或变动的，要及时上报备案。监测调查标准地的设置，应在调查林分内选择下木及幼树较少、林分分布均匀、符合预测病虫鼠分布规律并有较强代表性的地域作为调查标准地。同一调查林分内2块标准地要保持适当距离。调查标准地位置选定后，要标明其四边框界，将其内所有调查林木统一编号，绘制出平面坐标图，并按要求填报监测调查标准地登记表(表Ⅱ-2-2)。

表Ⅱ-2-1　监测调查林分登记表

监测点名称：　　　　　　　　　　监测点级别：

调查林分序号	地点(林班或营林区)	性质(临时或固定)	预测对象	林分面积(hm^2)	内设林地数(个)	森林类型(起源+树种)	树种组成	平均树高(m)	平均胸径(cm)	林龄(a)	郁闭度	建立日期	变更备注

调查日期：　　　年　　月　　日　　　　　　　　　　　　　　　　调查人：

表Ⅱ-2-2　监测调查标准地登记表

监测点名称：　　　　　　　　　　监测点级别：

标地编号	所在预测林分序号	样地面积	预测对象	森林类型	树种组成	平均树高（m）	平均胸径（cm）	郁闭度	林龄	坡向	坡位	坡度	规定调查报表次数	变更备注

调查日期：　　　年　　月　　日　　　　　　　　　　　　　　　调查人：

（六）监测调查内容的确定

确定调查点、监测调查内容是在设点一开始就应该同时考虑到的问题，预测内容是因预测目的而定的。为不同的预测目的而设的监测调查点，其调查内容也是不同的；不同的预测对象，预测内容亦不同。一般包括害虫各虫态发生期、种群密度及存活率监测调查；病害发生期与危害程度监测调查；害鼠种类、种群密度和林木受害程度监测调查等。

1. 森林害虫的监测调查内容

（1）发生期监测

①卵孵化进度监测　从成虫开始产卵起，根据产卵期的长短，确定每隔几天在调查林分内调查一定数量的卵粒，并按以下公式统计孵化率：

$$孵化率 = 初孵幼虫数/总卵数 \times 100\%$$

将结果填入表Ⅱ-2-3，然后汇入表Ⅱ-2-4，直至全部孵化为止。

表Ⅱ-2-3　害虫发育进度记录表

监测点名称：　　　　　　　　　　监测林分序号：

预测对象名称	调查株号	总虫数（个）	不同发育阶段虫体数量（个）			
			卵	幼虫	蛹	成虫

调查日期：　　　年　　月　　日　　　　　　　　　　　　　　　调查人：

表Ⅱ-2-4　害虫发育进度调查呈报表

监测点名称：　　　　　　　　　　监测林分序号：

监测对象名称：　　　　　　　　　内设调查点数：

调查日期	调查株数	总虫数	不同发育阶段虫体数量							
			卵		幼虫		蛹		成虫	
			数量（个）	百分率（%）	数量（个）	百分率（%）	数量（个）	百分率（%）	数量（个）	百分率（%）

调查日期：　　　年　　月　　日　　　　　　　　　　　　　　　调查人：

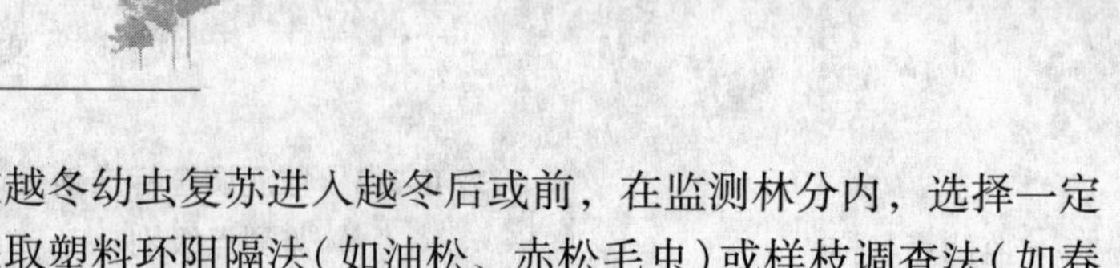

②越冬幼虫活动进程监测　在越冬幼虫复苏进入越冬后或前，在监测林分内，选择一定数量的固定调查样株，分别虫种采取塑料环阻隔法（如油松、赤松毛虫）或样枝调查法（如春尺蠖），逐日调查记载幼虫上树、下树的数量，将结果填入表Ⅱ-2-3，然后汇入表Ⅱ-2-4，直至全部上树或下树为止，然后分别统计其始、盛、末期。

③羽化进度监测　从结茧盛期始，每天在监测林分内观察一定数量的茧，按下列公式统计羽化率：

$$羽化率 = 蛹壳数/(幼虫数 + 蛹数 + 蛹壳数) \times 100\%$$

将结果计入表Ⅱ-2-3，然后汇入表Ⅱ-2-4，直至全部羽化为止。

④灯光诱集监测　每个调查点在预测对象成虫期即将临近时，设灯诱集，每天晚上19:00～21:00开灯诱虫，当开始诱到预测对象时，逐日统计数量，记入表Ⅱ-2-5。

表Ⅱ-2-5　诱捕器诱虫记录表

监测报点名称：　　　　　　　　　　　　　监测对象名称：

监测林分序号：　　　　　　虫态：　　　　设置诱捕器方式：

调查日期	诱捕器数(个)	害虫数量(个)		
		合计	雌虫	雄虫

调查日期：　　　年　　月　　日　　　　　　　　　　　　　　　调查人：

(2)种群密度监测

①卵密度监测　从成虫产卵的始见期开始，在调查林分的标准地内，根据该虫空间分布型，采取相适应的取样方法，选取20～50株调查样株，调查样株及树冠投影范围内植被或样枝上的卵数，记入表Ⅱ-2-6，然后汇入表Ⅱ-2-7上报。

表Ⅱ-2-6　监测标准地害虫种群密度调查记录表

监测点名称：　　　　　　调查日期：　　　年　　月　　日

监测林分序号：　　　　　调查标准地编号　　　　　　　调查取样方式：

监测对象名称：　　　　　虫态：　　　　　　　　　　　取样单位：

样本单元序号	样枝长或样方面积(cm/cm^2)	调查木状况(株)				健康数(株)	死亡数(株)	合计调查(样方)数	有虫株数(株)	有虫株率(%)	活虫数(个)	虫口密度(头/株)	备注
		受害	健康	衰弱	枯萎								

调查人：

表Ⅱ-2-7　调查标准地害虫种群密度呈报表

监测点名称：

调查林分序号	标准地编　号	监测对象名称虫态	调查日期	调查株数（株）	有虫株数（株）	有虫数量（株）	有虫株率（%）	平均虫口密度（头/株）	树木平均受害率（%）	备注

调查日期：　　　年　　月　　日　　　　　　　　　　　　　　　　　　　调查人：

②幼虫密度调查　在幼虫的暴食期、越冬前、越冬后，在调查林分的标准地内，按“Z”字型(松毛虫)选取 20 ~ 50 株调查样株，调查样株、样枝或样方的幼虫数，记入表Ⅱ-2-6，然后汇入表Ⅱ-2-7 上报。

③蛹密度调查　幼虫终见期后，在调查林分内，按“Z”字型(松毛虫)选取 20 ~ 50 株调查样株，调查样株及树冠投影范围内植被或样枝上的蛹数(因虫种而定)，记入表Ⅱ-2-6，然后汇入表Ⅱ-2-7 上报。

④成虫发生量调查　羽化终见期后，在调查林分内，按蛹密度调查方法，调查羽化蛹壳数量，填入表Ⅱ-2-6，然后汇入表Ⅱ-2-7 上报；也可在各世代成虫羽化期间，用灯光诱集或性诱捕器诱集法，逐日统计诱集数量，填入表Ⅱ-2-5。

(3) 害虫存活率调查

①卵存活率调查　于幼虫孵化终见期，在调查林分中采集一定数量卵粒(块)，分别计算孵化卵数、被寄生卵数及未孵化卵数，记入表Ⅱ-2-8。

表Ⅱ-2-8　害虫存活率系统调查表

监测点名称：　　　　　　　　　　　　　　　　调查林分序号：

监测对象名称：　　　　　　虫态：　　　　　　平均密度：

采集日期	采集数量	采集日距下一虫态预计天数	林间观测调查				室内补充观察		
			合计	健康数	被寄生数	被捕食数	合计	被寄生数	其他损失数

调查日期：　　　年　　月　　日　　　　　　　　　　　　　　　　　　　调查人：

②幼虫存活率调查　进行幼虫各时期密度系统调查的同时，在调查样株(样枝、样方)上，按同一比例抽取 100 条健康幼虫；如不足 100 条时，可在标准地外采足 100 条，带回室内饲养观察，统计各时期存活头数及化蛹、羽化虫数，记入表Ⅱ-2-8。

③蛹存活率调查　在化蛹终见期，在调查林分内采集一定数量的蛹，记录已羽化数并将其拣出，剩余部分置于纱笼内，至羽化结束，最后统计羽化蛹数、被寄生蛹数，记入表Ⅱ-2-8。

④生殖力观测　在进行蛹存活率调查时，将刚羽化的成虫拣出 20 ~ 25 对，成对(1 雌 1 雄)放入带有新枝叶的养虫笼中，直至雌雄全部死亡，统计产出卵数及遗腹卵数，记入表Ⅱ-2-9。

表Ⅱ-2-9 生殖力观测记录表

监测点名称： 监测对象：

养虫笼编号	产卵量(个)		
	产出卵数	遗腹卵数	合 计
1			
2			
⋮			
平均			

报告日期： 年 月 日 报告人：

2. 森林病害监测调查内容

(1)病害发生期调查

①症状显现进度调查 按各测报对象规定的调查时间，在调查林分固定标准地内，选设一定数量有代表性的林木作为观察样株，每隔一定天数连续定位观察记载样株的叶部、样枝或干部上病斑和各类子实体及变态物出现的数量，直至数量不再增加为止。将结果记入表Ⅱ-2-10。

表Ⅱ-2-10 病害发生期固定观察样株调查记录表

调查林分序号： 标准地编号：

调查日期	株号	病株调查项目				备 注
		孢囊个数(个)	蜜滴个数(个)	病 斑		
				个数(个)	最大斑横径(mm)	

调查人：

②孢子飞散始、盛、末期监测 从病原孢子进入成熟期开始，在固定标准地定位株下的平坦落叶层上或冠层中设置孢子捕捉器，定期更换，镜检捕捉孢子数量，直至孢子飞散期结束为止。计算平均当日每平方厘米捕捉孢子个数，填入表Ⅱ-2-11，待结束后汇入表Ⅱ-2-12。

表Ⅱ-2-11 地面孢子捕捉记录表

监测样地号：

捕捉时间	捕捉孢子数(个)										单位面积孢子数(个/cm^2)	天气情况
	Ⅰ		Ⅱ		Ⅲ		Ⅳ		合计	平均		
	1	2	3	4	5	6	7	8				

观察人：

表Ⅱ-2-12　孢子捕捉表

监测点：

捕捉时间	设片数量（片）	平均孢子数（个）	单位面积孢子数（个/cm^2）	天气情况			
				天　气	平均气温(℃)	相对湿度(%)	降水量(mm)

报告日期：　　年　　月　　日　　　　报告人：

(2)危害程度调查

发病末期，在调查林分标准地内，按分级标准，以株(或枝、梢)为单位，调查各级发病株(枝、梢)数和总株(枝、梢)数，并将调查结果分别填入表Ⅱ-2-13、表Ⅱ-2-14，然后汇入表Ⅱ-2-15 上报。按下列公式计算发病率和感病指数：

$$发病率 = \frac{感病株数}{调查总株数} \times 100\%$$

$$感病指数 = \frac{\sum(各级别代表值 \times 该等级株数)}{最高级别代表值 \times 各级株数总和} \times 100$$

表Ⅱ-2-13　固定样地调查记录表

调查林分序号：　　　　标准地编号：

病级代表数值	各病级株号	株数(株)	株数×代表数值

调查日期：　　年　　月　　日　　　　调查人：

表Ⅱ-2-14　新梢发病调查记录表

调查林分序号：　　　　标准地编号：

调查株序号	总梢数（个）	病梢数（个）	调查株序号	总梢数（个）	病梢数（个）
病级代表值	0	1	2	3	4
株　　数					

新梢发病率：　　感病指数：　　调查日期：　　调查人：

表Ⅱ-2-15　病害标准地调查表

监测点：

调查日期	样地编号	监测对象	调查样株(枝)数	发病率(%)	感病指数

调查日期：　　年　　月　　日　　　　调查人：

3. 森林害鼠监测调查内容

(1)害鼠种类与密度调查

在调查林分内，于早春和初冬采用夹日法，调查害鼠种类组成和捕获率，记入表Ⅱ-2-16。

表Ⅱ-2-16　鼠种及捕获率调查表

监测名称：

调查林分周围林分农田等概况简述：

调查日期	调查林分	样地编号	夹日	捕鼠数	捕获率	各种鼠所占比例							
						数量	%	数量	%	数量	%	数量	%

调查日期：　　年　　月　　日　　　　调查人：

(2)林木受害程度监测

春季雪融后，在调查林分内选择临时性标准地，调查害鼠啃食树木的各类被害状的数量和引起的枯死树、濒死树的数量，并统计被害率，记入表Ⅱ-2-17，并汇入表Ⅱ-2-18上报。

表Ⅱ-2-17　森林害鼠危害程度调查记录表

监测点名称：　　　　调查日期：　　年　　月　　日

调查林分序号：　　　　调查标准地编号：

样株编号	当年受害级					历史受害情况					合　计
	0	Ⅰ	Ⅱ	Ⅲ	Ⅳ	0	Ⅰ	Ⅱ	Ⅲ	Ⅳ	

调查人：

表Ⅱ-2-18　森林害鼠危害程度调查表

监测对象名称：

标准地号	调查林分序号	调查日期	调查株率(%)	受害株率(%)	当年受害级					历史受害情况					合计
					0	Ⅰ	Ⅱ	Ⅲ	Ⅳ	0	Ⅰ	Ⅱ	Ⅲ	Ⅳ	

调查日期：　　年　　月　　日　　　　调查人：

(七)监测调查资料的上报与管理

测报点按要求进行某项监测调查时，必须及时将结果填入调查记录表内，并分别监测对象及其调查内容进行整理、汇总和上报。上报调查资料的份数视测报点的级别而定。省级点的测报资料一式 4 份；地(市、州)级点一式 3 份；县(局)级点一式 2 份。其中，1 份由监测点自留存档，其他 1～3 份分别按测报点的管理级别分别上报。调查资料的上报时间分别为：

①监测林分和监测标准地的基本概况资料，在每年过冬开始监测调查前上报一次。

②病虫鼠发生数量调查资料，在每个规定调查月份的下月初上报一次。

③对测报对象规定的某发育阶段的始见、始盛、盛、盛末、终见期的调查结果，由调查员观测到进入上述某一日期后，立即或于次日用电话、电脑网络或传真等传递方式将该日期报所在县级森防站的专职测报员，县级站的测报员要立即用电话、电脑网络或传真上报。国家级中心测报点要直接报国家林业局预测预报中心。

④害虫测报对象的发育进度和病害孢子捕捉呈报资料，按预测预报对象的测报办法规定时间统一上报。

⑤害虫存活率监测资料，于每年 11 月下旬统一上报一次。

测报点的所有监测调查原始记录、笔记本、记录表等上报资料的依据材料，应及时整理，附在上报资料原件后归档、立卷，由专人负责，严加保管，不能随意更改数据，不得外借。各级森防站的测报人员在接到报表后，要认真分析审查，去粗取精，去伪存真，并在 1～3 天内将信息发布给基层各有关单位及本级有关领导，根据需要发布发生期，发生量预报，月、季或年度趋势预报，警报，通报等，指导防治工作。

二、实训设计与指导

(一)实训目标

通过以松毛虫为例的监测预报调查，使学生熟悉森林病虫鼠害监测调查工作的主要环节，掌握取样调查及统计分析的方法。

(二)实训场所与器材

在森林病虫鼠害发生季节，选择拥有不低于 $20hm^2$ 且有轻度松毛虫危害的幼龄人工松树林。

实训器材主要包括：罗盘仪、测绳、测高、围尺、铅油、毛笔、镊子、解剖刀、圆枝剪、采集袋、毒瓶、胶、硬纸板、塑料条、解剖镜、养虫笼、天平、黑光灯、记录夹等。

(三)实训的组织与流程

将学生按 5～6 人分成一个小组，根据教师提出的任务，制定实施方案；待教师批准后，以小组为单位实施。教师在场外指导答疑。实习结束后，撰写实训报告，由教师批改。

松毛虫监测预报调查是同虫种不同虫态发育进度与种群密度的调查，时间需经一个昆虫世代，具体程序为：选择调查林分→确定标准地→编制调查用表和调查方法→昆虫活动季节不同发育虫态调查→越冬调查→越冬后存活率调查→蛹期、成虫期调查→种群发育进度与种

群密度分析。

（四）操作内容与方法

在本地区选择若干具有不同地形、不同林相类型，总面积在 $20hm^2$ 以上，有松毛虫危害的幼龄人工纯松林。在林分中选出下木少、林木分布均匀、有代表性的 4 ~6 块固定标准地并编序号，每块面积为 $0.2hm^2$，标明其四边框界；每块标准地按棋盘式抽样法选择 20 株有代表性、便于观察的标准树，并统一编号，绘制平面坐标图，按要求填写监测林分与监测标准地登记表。在松毛虫不同虫期进行下列内容调查。

1. 卵期调查

从松毛虫卵出现开始，每日调查标准树，发现卵块就标记编号，并记载每株卵块数。在卵块孵化前（约为成虫羽化高峰期 5 天后），将标准树上的卵块摘下，标记卵块所在位置。清点每个卵块的粒数，再用粘胶将卵粒粘在牛皮纸片上，标记（地点、产卵时间、数量和编号）后挂回原处，待幼虫全部孵化后将纸片取回，清点未孵化卵粒数、被寄生蜂寄生卵粒数，以总卵粒数减去未孵化卵粒数即为初孵幼虫数。还要计算出每株平均卵块数（卵块总数/调查总株数）、每株平均卵粒数（卵粒总数/调查总株数）、有卵株率（有卵株数/调查总株数）、卵块平均粒数（卵粒总数/卵块总数）、卵的孵化率（卵壳数/总卵壳数）、卵的寄生率（被寄生卵粒数/卵粒总数）、卵的死亡率（死亡卵粒数/总卵粒数）等。

产卵末期，在固定标准地之外，再选择 2 块辅助标准地。采集一定数量的卵块观察孵化情况，记录其孵化始盛期（发育进度达 16% 时）、高峰期（发育进度达 50% 时）和盛末期（发育进度达 84% 时）。

设计松毛虫虫期调查表格，将上述内容填入其内。

2. 幼虫期调查

（1）初孵幼虫调查

从固定标准树中选出 3 ~5 株，在幼虫孵化后调查其初孵幼虫数；每日观察初孵幼虫死亡数及死亡原因，并作好记录，计算死亡率。

（2）幼虫下树调查

幼虫下树前（约 9 月中旬），选 3 ~5 株标准树，在树干基部缠上塑料碗，每日 14：00 ~15：00 记载碗内幼虫数，然后将幼虫放至树下越冬。下树结束后，计算日下树百分率。

（3）幼虫越冬死亡率调查

从越冬幼虫上树前一周开始，在标准地内选择 20 株标准树，查清每株树冠投影范围内土缝中和落叶、石块下的总虫数，区别自然死亡数和被寄生数，计算越冬死亡率。每次调查虫数不应少于 200 头。

（4）越冬幼虫上树进度调查

从越冬幼虫上树前一周开始，在虫口密度较大的临时标准地内选 3 ~5 株标准树，在第一轮枝下缠宽 3.5cm 的塑料环 2.5 圈，每天 14：00 ~15：00 检查记录塑料环下阻隔的幼虫数量，然后将环下幼虫释放到树上。计算每日上树幼虫数占总虫数的百分率，直至上树结束。

（5）幼虫上树后调查

在幼虫上树结束后，全面调查标准树上的虫口，作为标准树虫口基数。然后每日调查标准树幼虫损失数量，要区分记载自然死亡、天敌寄生、捕食和不明原因死亡数；在幼虫化蛹

结束后，统计各种死亡数量及所占百分率。

平均虫口密度、有虫株率及天敌寄生率按下式计算：

$$有株平均虫口密度(条/株)=\frac{总虫数}{调查总株数}$$

$$有虫株率=\frac{有虫株数}{调查总株数}\times 100\%$$

$$天敌寄生率=\frac{寄生数}{总虫数}\times 100\%$$

3. 蛹期进度调查

(1)化蛹进度调查

在老熟幼虫化蛹前，在各标准地内将标准树虫口数查清并记载。每天 14：00～15：00 调查一次，记载结茧数。化蛹结束后，计算日化蛹率，找出化蛹始盛期、高峰期和盛末期。还可采集老熟幼虫进行套笼化蛹观察并予以记录。

(2)蛹存活率及性比调查

在化蛹的始盛末期，分别于标准地内随机采集 100～200 只茧，解剖检查统计雌雄蛹数，寄生及死亡蛹数，计算死亡率及雌性百分比。

$$死亡率=\frac{死蛹数}{检查总茧数}\times 100\%$$

$$雌性百分比=\frac{活雌蛹}{活雄蛹+活雌蛹}\times 100\%$$

(3)蛹重与产卵量的观测

在标准地采集 50～100 只活雌蛹，分别称重后，将其编号并放入养虫笼中，羽化后按 1:1配入雄成虫，待其产卵后，统计产卵量，计算平均产卵量，找出蛹重与产卵量的关系，并按下式计算繁殖量：

$$繁殖量=(1-死亡率)\times 雌性比\times 平均产卵量$$

(4)蛹密度和羽化率调查

成虫羽化结束后，将标准株上和树冠投影下(包括树皮、地被物、树根、石砾中)未羽化蛹的茧和羽化的空茧采下，统计蛹的总数、蛹羽化数和寄生数，计算蛹的羽化率和寄生率。

4. 成虫期调查

化蛹盛期开始，设置黑光灯诱集成虫。设灯的高度、功率、开灯时间应一致，记载每天诱集雌雄成虫的数量。

(五)技能考核标准

技能考核标准见表Ⅱ-2-19。

表Ⅱ-2-19 技能考核标准

序号	考核项目	考核方式	考核时间	合格标准
1	虫情调查	现场考核，由教师评分	外业调查期间	取样方法正确；鉴别虫种、虫态及性别准确无误；计数准确
2	撰写调查报告	独立撰写，由教师批阅	外业结束之后	独立完成；体例规范；各种计算数字正确；结果分析有科学性

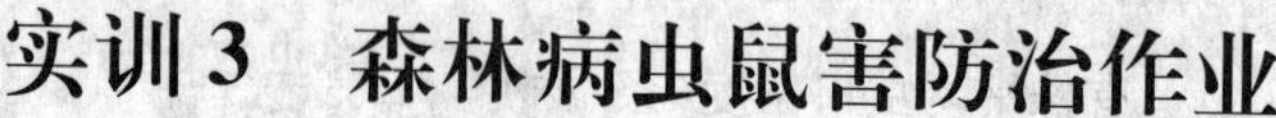

实训3　森林病虫鼠害防治作业

一、任务描述

（一）防治作业组织形式

森林病虫鼠害防治作业，是在预测森林病虫鼠即将造成危害或已经造成危害的林分内，根据各种森林病虫鼠的生物生态学特性和设计的防治措施，按一定的技术规程和方法对森林病虫种群发生发展采取预防性或抑制性生产活动的总称。根据防治对象、防治工具和方法以及作业条件，防治作业的组织形式概括起来可分为以下3种。

1. 作业小组

作业小组是森林病虫害防治作业组织的最基本单位，是按照防治对象和防治方法对劳动力的要求来划定的，根据技术规范和劳动定额定人、定作业量和定防治作业地点。由于作业方式和防治对象的不同，作业小组的每个劳动者可以在同一时间和作业地点使用同一作业工具、针对同一种防治对象而工作，也可以使用不同的作业工具在作业组内进行协作性、连续性的劳动分工。

2. 专项作业工作组

专项作业工作组是在劳动分工的基础上，为完成某项较为复杂的防治作业任务而把相互协作的作业小组组织在一起的防治作业单位。森林病虫害防治作业需要组织专项工作组的情况大致有以下几种：

①防治作业环节较多，一个小组不能独立完成。如飞机防治时的加药组、信号组等。

②防治作业任务有密切联系，需要协作和配合才能实现。如流水作业的各个工作组。

③把工作任务和地点不固定的防治人员组成承担某项任务的工作组。如机动组。

④防治任务可直接分配给个人，但为便于互相照应和加强组织领导，也可组织工作组。

为了使专项防治作业工作组能够充分发挥合理组织劳动的作用，必须全面分析防治作业的特点，科学划分各专项防治作业工作组的任务，合理配备工作组的人员，建立明确的岗位责任制；各个成员之间应当有明确的分工，并在组长的领导下，保证组内在工作上的紧密配合。每个工作组有时也可以分成若干个作业小组。

3. 防治作业指挥组

防治作业指挥组是防治作业必设的组织，一般由行政领导和技术负责人组成，是各防治作业小组或专项工作组的指挥和协调组织。该组织各成员之间都有明确的分工与协作，负责组织各自职责范围内的工作和处理各作业组之间的配合、协调等。

（二）防治作业定额

防治作业定额是森林病虫害防治作业活动的劳动定额，是防治作业过程中时间消耗水平的量化界限。即在一定的防治技术和作业组织条件下，在充分发挥每个劳动者积极性的基础

上，为完成某项防治作业所规定的必要的劳动消耗量的标准。一般有 2 种形式，即工时定额和工作量定额。工时定额是指在一定防治技术和作业组织条件下，完成单位防治面积或某项作业所必须消耗的工时。工作量定额则是指在单位时间内应当完成的防治作业面积或工作量。以防治作业定额来组织和协调防治作业面积或工作量，是合理组织防治作业的重要依据，是防治作业管理重要的基础性工作；同时也是调动工作人员的积极性和创造性，节约劳动时间，提高劳动生产率的有效手段。

制定防治作业定额的原则是：①制定水平必须先进合理。②体现多快好省的精神。③保证工作人员的人身安全。④保持工种间定额水平的平衡。

制定防治作业定额的具体方法有经验估算法、统计分析法和技术分析法等。技术分析法是根据对防治作业技术条件和作业组织条件的分析，在挖掘潜力的基础上，通过技术测定和分析来计算定额的方法。一般按照工时定额的作业时间、休息时间、准备和结束时间各个组成部分，分别确定定额时间。

(三)防治作业组织的管理方法

森林病虫害防治作业组织建立起来之后，要最大限度地调动每个劳动组织和劳动者的积极性，除采用定额方法外，还有以下几种方法。

①联效承包　即森林病虫害防治管理部门，根据防治作业任务的大小和技术方法的要求，对各防治作业小组或专项工作组采取防治任务定额、防治作业质量定标准、劳动质量与防治效果挂钩的办法来进行管理和组织作业。

②专业队承包　根据防治作业任务选聘一名负责人，再由负责人根据防治作业技术要求和作业条件负责建立防治作业队；森林病虫害防治管理部门按劳动定额对防治作业任务进行财、物消耗核定，然后与专业负责人签订技术、经济承包合同。这样，有利于调动承包人和专业队每个劳动者的积极性。

③岗位责任制　即制定防治作业过程中各劳动岗位在共同的防治作业过程中所必须遵守的统一制度和各岗位的具体技术标准，以及出现的经济和行政责任。

④奖励机制　即对每个防治作业组织及其劳动者的作业质量标准和物、时消耗水平作出明确规定，并制定相应奖励办法，以调动劳动积极性，提高劳动生产率。

(四)防治作业组织工作的基本程序

森林病虫鼠害作业组织具体工作程序，因防治作业方法和防治对象的不同而在具体实施步骤和内容上有所不同。基本工作程序包括如下几个步骤。

1. 复查病虫情

根据年度防治任务计划和防治设计书，在实施防治作业前适当的时机内组织人员对计划防治林分的病虫情进行复查，然后将调查与原防治设计书进行核对，以此最后确定防治设计方案的可行性。如果经反复测算，须变动原设计方案或取消原防治计划，应立即写出报告请上级主管部门批准；如果复查结果与原设计方案相吻合，则进行防治作业的具体准备工作。

2. 筹备物资和器械

按任务计划和防治设计书的要求，详细安排本次防治作业所需物资(如药剂、防治器械、劳保用品、交通运输工具、通讯联络工具及其他仪器等)的筹集渠道、数量，列出防治

作业用品明细和筹备就绪时间表。

3. 勘查防治作业现场

由有关防治作业的技术和行政负责人，在作业前对作业林分的交通条件、地理环境等进行详细勘查，以拟定防治作业实施方案，进一步查找前段准备工作的疏漏环节。

4. 拟定作业方案

由防治作业的组织单位组织有关人员拟定作业方案，全面安排防治作业所需物品和人员配备行动细节问题，用此方案来统一规范所有参加防治作业的行动。作业方案的实施，即意味着防治作业活动的正式开始。

5. 准备人员

按照防治作业方案对防治所需各类人员的要求，成立作业领导组织，并调配和组建作业组织，在作业前视情况适时组织作业技能训练。

6. 衔接与协调

如果需要部门或行业之间的配合与协作，须在作业前与有关部门联系配合与协作的内容，签订有关的技术、经济合同或者其他形式的合作协议。如飞机防治应与民航部门共同研究租用飞机和机场、作业技术标准等事宜；用杀鼠药灭鼠需与当地政府或居民组织共同发布作业警戒通告等。

7. 病虫情监测

根据防治作业方案设计的防治作业具体时间，在防治作业林内设专人监视病虫情动态和天气变化情况，以确定防治日期是否需提前或延后。

8. 现场作业

按规定的作业方式、方法进行防治作业，防治作业组织者一定要亲临现场指挥作业，发现特殊情况及时采取补救措施。

9. 作业质量评定

现场作业结束后，要对所有参加作业人员的工作质量进行评价，组织力量进行防治效果调查，以评定防治作业的质量。

10. 核算防治成本

防治成本主要由防治作业的生产费用构成。防治作业生产费用是防治作业支出的各项费用的总称。不同的防治作业方法，支出的项目和费用也有很大差别。作业结束后，要核算单位面积的防治成本。防治成本构成包括以下几方面。

(1)原料费

原料费指为进行防治作业而耗用的原材料和设备等费用，包括药剂、助剂、小型仪器、工具、器皿、备件、劳保用品及其他低值易耗品等。

(2)燃料和动力费

燃料和动力费指为进行防治作业而耗用的燃料和动力费用，包括动力油料、电力以及其他动力费用。

(3)人员工资费

人员工资费指为直接参加森林病虫害防治作业劳动的现场人员和管理人员而支付的工资或劳务费用。

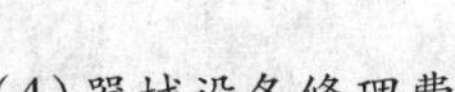

(4)器械设备修理费

器械设备修理费指森林病虫害防治单位或个人自有的防治器械、设备的中小修理费用。

(5)其他费用

其他费用包括宣传广告费、运输费、租用器械设备费、调查设计费等。

11. 上报防治作业情况

由防治作业的组织单位根据本次作业的实际情况，写出报告，汇报防治作业的组织过程，取得的效果和经验，人、财、物消耗情况，以及防治成本、存在的问题等。

二、实训设计与指导

(一)实训目标

通过食叶害虫防治作业的实训，使学生会拟定病虫鼠害大面积防治作业方案，明确防治作业准备工作的内容，掌握施药技术，会进行防治效果分析。

(二)实训场所与器材

在有害生物发生季节，选择一处面积在 $3hm^2$ 以上具有食叶害虫危害的松、杨、榆等人工幼林。

实训器材主要包括：弥雾喷粉机、卷尺、测绳、量筒、天平、镊子、脸盆、配药桶、防护服、胶手套、口罩、铁锹、塑料膜、仿生杀虫剂、杀菌剂、汽油、水、记录夹等。

(三)实训的组织与流程

本项实训采用项目/任务实训模式。首先由教师介绍防治作业的要求，下达任务，学生以5~6人小组为单位，按教师的要求，由组长带领研究其防治作业方案，取得共识后，经教师审查合格，在组长带领下进行施药作业。教师在实训中要加强指导，尤其是安全方面，不允许有违反安全作业规程的行为发生。作业结束后，要按规定时间调查药效，最后写出防治作业报告。

防治食叶害虫作业的工作程序为：选择防治作业的林分→虫口密度调查→实测防治作业林分的面积→选择药效调查样株→在样株下做树盘→拟定作业方案→准备药械及作业用品→作业前培训施药人员→施药→作业结束后药及药械处理→检查药效→撰写防治作业报告。

(四)操作内容与方法

1. 选择防治作业林分

在实习地点附近，通过踏查，选择一块面积不少于 $3hm^2$ 的幼龄人工纯林，树种可为杨、榆、松等，并有较大虫口密度、处于危害期的食叶害虫幼虫，作为防治作业的林分。

2. 林分状况及虫口密度调查

调查记载林分基本情况，包括树种、树龄、平均胸径、平均高、单位面积株数、郁闭度、生长状况、植被。按食叶害虫调查方法的要求调查平均虫口密度、虫龄及分布情况，用罗盘仪实测作业区面积并绘出简图。

3. 药效调查样株选择

采用五点式对角线或棋盘式方法选择标准地，每块标准地选择 5 ~ 10 株样株。样地总面积不低于作业区总面积的 10%。在每个样株树冠投影范围内铲除地面的地被物，并做成树盘，以备调查虫口密度之用。

4. 拟定防治作业方案

根据作业区内防治对象的种类和虫态选择仿生药剂的品种、剂型及施药器械、施药方式、施药时间，并计算单位面积施药量；划分作业区域，安排作业小组及人员分工，根据风向设计每组作业的起始地点和作业顺序，确定作业时间；估算完成作业区内防治作业所需的人工、农药量、燃油量、水量等消耗情况。

5. 准备防治作业物资

防治作业物资包括仿生农药(如灭幼脲、杀铃脲、植物源农药等)、弥雾喷粉机、燃油、水、塑料桶、搅棒、量筒、防护服、胶皮手套、脸盆、肥皂等。

6. 作业人员培训

对作业人员进行安全教育和作业方法的培训，贯彻农药使用操作规程，讲清药液配制方法和药械使用方法以及施药作业时应注意的事项、质量要求、安全要求等内容。

7. 防治作业的实施

按照作业设计的要求配制农药，按设计的作业方式和顺序进行作业，要注意作业过程中风向的变化，施药应对准目标、均匀适度，不漏喷，确保质量，避免浪费。

8. 作业后有关事宜处理

配药器皿要专用，每次用后洗净，不得在河流、小溪、井边冲洗；药械用完后要消除余药，洗净放好；残药液应埋藏于远离住宅和水源的深坑中；作业区要立好标识，防止人畜进入发生中毒事故。

9. 药效检查

施药后的 8h、24h、48h、72h 进行药效检查。检查每株样树下死亡的害虫数，记录在调查表 37 中。72h 检查完之后，用振落法统计活虫口数。

10. 撰写防治作业报告

防治效果检查完成后，要计算防治效果、防治作业成本，撰写防治作业报告。主要内容包括防治林分的基本情况、作业方案设计、防治作业过程、防治效果、防治成本核算、总结经验和存在问题。

(五)技能考核标准

技能考核标准见表Ⅱ-3。

表Ⅱ-3 技能考核标准

序号	考核项目	考核方式	考核时间	合格标准
1	防治作业方案的制定	小组集体研究，个人分别撰写，由教师批阅	施药作业准备工作之前	符合防治作业设计的原则；可行性强；语言通畅，无错别字
2	药械使用	施药作业现场考核	施药作业期间现场考核	按操作规程使用药械；喷药方法正确；完成人均喷药工作量；不出现安全问题

实训 4　农药的药效试验

一、任务描述

（一）药效试验的设计

药效试验根据试验面积大小，可分为小区药效试验、大区药效试验和大面积(生产)示范试验。一般苗圃地进行小区药效试验和大区药效试验，林地进行大区药效试验和大面积(生产)示范试验。

1. 小区药效试验

小区药效试验面积一般为 0.1 ~ 0.5 亩*，较大的树木可以株数为单位；形状一般以长方形为好，可减少立地条件差异带来的影响。长宽比例根据地形、株行距而定。

小区药效试验处理项目的多少，取决于试验的目的和需要。农药新品种的比较试验，因种类较多，处理项目就多些；而剂型、药量、浓度等比较试验的项目就少些。为提高试验的准确性，处理项目不宜太多。比较试验又可分为单因子试验和多因子试验。单因子试验只比较 1 个因子，处理项目较少，小区面积可稍大。多因子试验是在 1 个因子的比较上再附加另一个因子的比较。如农药品种的比较上再加浓度比较，处理的项目较多；小区面积可适当缩小。

在试验区四周要设立保护区，可排除外界因素的干扰，以保证试验的准确性。为防止不同处理项目相互间的影响，小区之间应设隔离区。

为了提高试验的准确性和代表性，试验要设重复和对照，采取局部控制和随机排列的方式。重复的多少与处理的个数有关，每个处理都应设重复。如 3 个处理的试验，每个处理需重复 6 次；4 ~ 5 个处理的试验，每个处理需重复 4 次；6 个以上处理的试验，需重复 3 次。

对照通常分为空白对照和标准对照 2 种。空白对照(一般喷采用喷清水)设置的目的是获得农药新品种的起初防治效果；标准对照是以当地常用农药或者是防治效果最佳的农药作为标准药剂对照。

局部控制原则是将试验地划分为与重复次数相等的区组，每个区组中包括每 1 种处理；同时，任何一种处理在每个重复内只能出现 1 次，即局部控制，旨在克服和降低区组之间差异的同时将处理之间差异凸显出来。为了减少重复(区组)之内的差异，一般原则是：不同处理在试验地内应呈随机分布，以消除病虫鼠害分布不均和立地条件不同而引起的误差。小区药效试验排列方式有多种，主要有对比排列、随机排列和拉丁方排列。

对比排列就是每隔 2 个小区设 1 个对照区(如图Ⅱ-4-1)。这种排列法的优点，是每个对照区两边各有 1 个处理区，便于互相比较，而且可以减少土壤、病虫鼠的差异，使试验结果比较准确。但由于对照区较多，占地面积大，如果处理项目较多时，此法就不宜采用。

* 1 亩 = 667 m^2

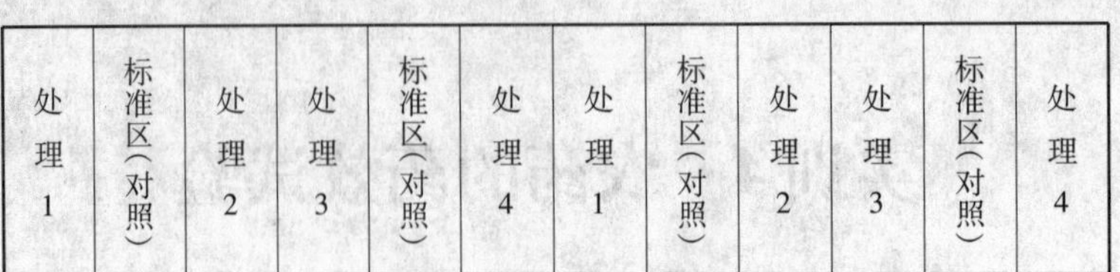

图Ⅱ-4-1　对比排列法

随机区组设计是每个重复(即区组)中只有1个对照区(或标准区)。对照区是加入试验处理中一起进行随机排列，而且在不同重复中的试验处理数目相同，各种处理在同一重复中只出现1次。虽然各区组有差异，但这种差异对各种处理无影响，因为每种药剂处理都有相等机会分布于各区组，而且同样受该区组差异的影响(如图Ⅱ-4-2)。

重复Ⅰ						重复Ⅱ					
1	3	2	4	6	5	4	2	3	6	1	5
3	6	1	5	4	2	6	1	5	2	4	3
重复Ⅲ						重复Ⅳ					

图Ⅱ-4-2　随机区组设计

拉丁方排列是比随机区组更多一级限制的随机排列设计，它是将处理从2个方向排列成区组或重复，每一直行和每一横行都成为1个区组或重复，而每一处理在每一直行或横行都只出现1次。所以，拉丁方排列的重复数、处理数、直行数、横行数均相同，它可以从直行和横行2个方向消除土壤差异，因此有较高的精确度。但其缺乏伸缩性，因其重复数必须等于处理数，处理数过多，则重复次数就出现不必要的过多；处理数少，则重复数必然少，致使估计误差的自由度太少(如图Ⅱ-4-3)。

3	4	1	5	2
5	3	4	2	1
2	1	5	3	4
1	2	3	4	5
4	5	2	1	3

图Ⅱ-4-3　拉丁方排列

2. 大区药效试验

在小区试验的基础上，选择少数有效的药剂或剂型，进一步作大区试验。大区的面积一般在苗圃地为0.5～2亩，林地约50亩以上或按小班、自然地形为试验单位，可不设重复或只重复1次。大区试验一般误差较小，试验结果可作为推广的依据。对于一些活动性较强、不易搞小区试验的害虫害鼠，可直接作大区试验，但应设标准药剂(当地常用的药剂)作对照，或采用林地对比。

作为林地之间对比，其所试验的病虫鼠害发生情况、林木生长情况、地形等应力求接近，试验时间、气候因子等也应统一考虑，以求尽量减少差异。一般在试验前，根据试验林地面积选择若干能代表该林地病虫鼠害情况的标准株，这些标准株应均匀分布在该林地内。对于食叶害虫的药效试验，还应根据树冠的投影，将标准株的地面杂草、碎石和土块清除，

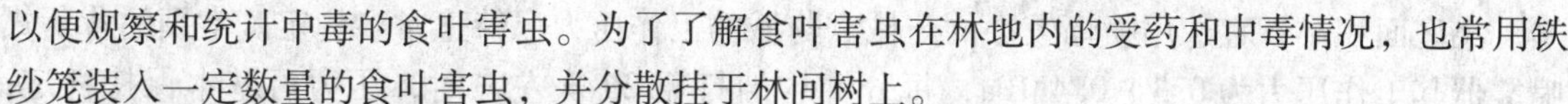

以便观察和统计中毒的食叶害虫。为了了解食叶害虫在林地内的受药和中毒情况，也常用铁纱笼装入一定数量的食叶害虫，并分散挂于林间树上。

3. 大面积(生产)示范

经小区和大区试验，确认了在药效和经济效益符合要求后，便可作大面积多点示范试验，然后推广使用。一般示范面积是上百公顷。

(二)施药技术

1. 施药时期和时间

杀虫剂要根据药剂特点和试验对象的发生、发育规律来确定。某些杀虫剂对幼虫杀灭效果好，而对成虫、卵和蛹效果差，试验应在幼虫发生期进行。当在一种害虫发生的高峰期或衰退期施药，由于天敌的跟随现象或外来因素的影响，空白对照区的虫口大幅度下降，残存的虫口与药剂处理区的虫口相差无几，这样的结果将难以评价药剂的效果。食叶性害虫可在害虫种群密度发展的时期施药，可取得明显的对比效果。钻蛀性害虫可在卵孵化高峰期施药。发生期长或世代交替现象较严重的害虫，可间隔一定天数施药。杀虫剂的施药时间要根据害虫生活习性来确定，如某些夜蛾幼虫，往往是早晚爬上植物的上部或外表危害，而白天光线较强时则爬到植物基部或隐蔽部位，甚至钻入土缝中，施药时间以早晨或傍晚为好。对活动性小的蚜、螨，施药时间就不必太严格要求。

杀菌剂要根据供试药剂的特点，决定施药时期。如为保护剂，必须施于病害发生之前，以阻止病菌之侵入。若为治疗剂，则应施用于病害入侵的初期；一旦病害已造成严重损失，再施用高效治疗剂(或高用量)，也无法使植物恢复到无病状态。施药时间要根据病害发生规律和危害特点来确定。如在病原真菌的孢子一天中释放量大的时间施药效果会更好。

一组试验，前后施药时间尽量缩短，至少要在 1 天内完成。

2. 施药量

要求试验区各处理施药均匀，数量准确。准确的施药量是建立在农药制剂的准确稀释倍数(使用的有效浓度)和小区面积内实际施用药液或药土的数量。表示农药的使用量，一般是指在施药时，一定面积上一次施用的药量，常用的是单位面积(如每公顷)的使用量，用有效成分量 g(有效成分)/ hm^2 表示；或用制剂量表示(要注明制剂含量)。不管用哪种方式表示，在药效试验报告中均要写明，并要统一。以稀释倍数表示时要写明每公顷喷药液量。小区用药量可用以下公式计算：

$$\text{供试药剂需用量(g)} = \frac{\text{设计剂量}(g/hm^2) \times \text{小区面积}(hm^2)}{\text{供试药剂的有效成分含量}(\%)} \times 100$$

例如：设计剂量为 40g(有效成分)/ hm^2，供试药剂的有效成分含量为 40%，小区面积为 0.05 hm^2，按计算公式则为：

$$\frac{40 \times 0.05 \times 100}{40}(g) = 5g(\text{制剂})$$

喷施量要准而匀。各处理应使用同一个施药器械，孔口、压力、喷药量都要一致。正式施药前应在空地上先用清水测试，定出行走速度。施药时防止漂移或处理之间干扰。喷雾时，为使施药均匀，应先试喷，校正动作和行走速度，可先定有效喷幅，再计算行走速度。

$$\text{行走速度}(m/s) = \frac{\text{流量}(ml/s) \times 667(m^2)}{\text{喷液量}(ml/\text{亩}) \times \text{有效喷幅}(m)}$$

小区面积小，宜选用喷幅较小的药械。药械的工作压力保持正常、稳定。常用的背负式喷雾器其工作压力为0.3～0.4MPa，每分钟均匀打压20次左右时，压力可基本保持稳定；但如果打打停停，压力就会发生很大波动。压缩式喷雾器有一种压力递降的喷雾器，装满药水后一次打足气，压力可达0.5～0.6 MPa，开始喷雾后，很快就降低到不能雾化的程度；通常在喷出约1/2药水时须第二次打气，但压力同样发生递降，压力不稳，雾化细度不同，影响药剂在靶标上的沉积量，影响药效。

(三)药效检查与试验结果计算

1. 药效检查的取样

药效试验的目的是为了取得药剂防治效果的依据，因此，必须在试验前检查病虫鼠害发生危害的基数，施药后的一定时间内检查试验对象的发生或危害的发展变化情况。如果观察药效的持久性，则需连续检查，直到药效完全消失为止。

药效结果正确与否，与取样的方法和数量有很大关系。原则上讲，以检查试验区的总体为最精确，但因费工往往难以做到，只能从中抽取一部分样本，以代表总体。因此要采用适宜的取样方法，使取样点在试验区内分布得合理，所取样本具有代表性。通常采用随机取样，即使试验区各个取样单位都有同等机会被抽取作为样本。常用的取样方法有对角线取样法、五点取样法、棋盘式取样法、平行线取样法、“Z”字形取样法等。

究竟采用哪种取样方法才能正确地做出估计，一般应根据植物种类、病虫鼠分布和习性以及危害情况来定。譬如，对于分布均匀、发生普遍的病虫，常采用五点取样和对角线取样法；而分布不均匀、发生较轻的病虫应采用棋盘式取样法；对一些分布特殊的病虫种类，应针对特点设计调查取样方法。

取样数量多少才具有代表性，应根据试验对象的种类、发生危害密度以及植物的种类、种植密度等来决定。一般在5～8个取样点为合适，取样数量不宜少于处理植物的1%。

在检查药效时，要整理记载试验实施全过程中的每项活动和环境情况，一般包括如下内容：试验地点，土壤类型，如为药剂处理土壤或施药于水中和土表，应测土壤pH值及有机质和水分含量；供试植物种类、品种及其生育阶段；试验对象的感病指数、害虫的虫态和虫龄、害鼠的雌雄性比及年龄；小区面积、数目、排列方式；药剂名称、含量、剂型及生产厂家、施药日期和剂量；施药方法、使用机具；施药时和施药后数天内的气象条件；药效调查方法、调查数据，药害情况；试验药剂以外的其他农药使用情况。

2. 杀虫剂药效检查的方法与结果计算

杀虫剂试验可采用下列方法进行药效调查，并填写调查表(表Ⅱ-4-1)。

(1)标准树调查法

在每个标准地中选标准树5～10株，喷药前检查树冠虫数、虫龄，喷药后8h、24h、48h…，定期检查各龄死虫数。检查时间一般连续3天以上(生物制剂在10天以上)，必要时可以延长。高大的树木，事前检查树冠上的虫数有困难，可在喷药后，逐日统计地面死虫数，直至不再发现死虫时为止；再将标准树上残留活虫，全部振落于地上，计算防治效果。对于蛀干等害虫，可用伐倒木统计法。选择与喷药条件相似的小区作对照区。

(2)标准枝调查法

在喷药前先统计一定数量枝条的害虫数，喷药后再统计害虫的存活与死亡数；也有砍掉

小枝进行统计。此种方法适用于繁殖快、个体小的害虫，如蚜虫和红蜘蛛等。

(3)套笼法

把害虫套在笼内统计死亡情况。此法适用于活动力强的害虫，如杨毒蛾和柳毒蛾等害虫。

(4)统计虫粪法

用喷药前后单位面积上虫粪数量的比较来计算。

(5)网扫法

于作业区内，按对角线选 10 个检查点，或随机选取检查点，每点于喷药前及喷药后的成虫活动时间，定时用捕虫网扫 20 下，记载扫到网中的成虫数，根据数量的减少来计算药效。在未喷药区以同样方法捕获成虫，以便对照。

(6)检查果实、种子被害率及其中虫数

在喷药前和喷药后 3 天、7 天、14 天、21 天，于每株树上，采摘果实 100 个以上，检查果实或种子被害数及其中死、活虫数。在不喷药区用同样方法进行检查作为对照。

(7)调查种子产量

在种子成熟时，于作业区内按对角线或随机取样，选有果实的树若干株，在每株树上各采果 50 个以上，检查果实及种子被害情况，并计算所得种子量及千粒重。

表Ⅱ-4-1　施药效果调查表

编号	处理区	浓度及用量	喷药日期(日/月)	检查方式	检查数量(株或个)	虫龄	供试虫数(个)	喷药后死亡或下降百分率(%)							备注
								1天	2天	3天	4天	5天	6天	7天	
1															化学药剂应检查 3 天以上；菌剂农药 10 天以上
2															
3															
4															
5															
6	对照														

杀虫剂效果计算方法如下：

在害虫虫口密度变化不大的情况下，如试验的药剂有效，则防治后的虫数一定减少。对于这类害虫的药效试验结果，只要防治前、后取样检查虫口数的变化，计算死亡率或虫口减退率即可。其计算公式如下：

$$\text{死亡率或虫口减退率}=\frac{\text{防治前活虫数}-\text{防治后活虫数}}{\text{防治前活虫数}}\times 100\%$$

在一般情况下，害虫自然死亡数是很少的，按上式计算的结果，基本上反映了药剂的效果。但在自然死亡率相当高的情况下(自然死亡率在 5%～10%)，按上式计算的结果就不能反映真正的药效，必须进行更正。为此，在设计药效试验时，应增加不施药的对照处理，这样就能计算出更正死亡率或更正虫口减退率。其计算公式如下：

$$\begin{matrix}\text{更正死亡率或}\\\text{更正虫口减退率}\end{matrix}=\frac{\begin{matrix}\text{防治区虫口减}\\\text{退率(死亡率)}\end{matrix}-\begin{matrix}\text{不防治对照区虫口减}\\\text{退率(死亡率)}\end{matrix}}{100-\text{不防治对照区虫口减退率(死亡率)}}\times 100\%$$

蚜虫及螨类因繁殖力很强，对于作用缓慢(在 2 天以上)的药剂，有时不防治对照区的

蚜虫或螨类的虫口数却比试验前增加，因此运用上述更正死亡率或更正虫口减退率公式时，凡遇不防治对照区虫口数增加的，则将公式中不防治对照区虫口减退率都改用“+”号。

3. 杀菌剂药效检查方法及结果计算

杀菌剂防治林木病害，很难直接检查病菌死亡情况，只有以病情消长来表示防治效果，一般统计病害的发病率和病情指数。例如苗期病害，可随机定点取样来检查一定数量的苗株，统计病苗或死苗数，计算发病率。根据防治前后的发病率，可以计算病害的防治效果。其计算公式如下：

$$\text{发病率或普遍率} = \frac{\text{病苗(株、叶)数}}{\text{检查苗(株、叶)数}} \times 100\%$$

有些病害，在不同植株上或同一植株的不同部位上，危害程度有轻重之别，可以根据叶上的病斑数多少分为若干等级（如分为1、2、3、4、5等5级），然后分别检查药剂防治区和不施药对照区的各级病叶数，计算防治区和对照区的感病指数，根据防治区与对照区的感病指数计算防治效果。

$$\text{防治效果} = \frac{\text{对照区病情指数} - \text{防治区病情指数}}{\text{对照区病情指数}} \times 100\%$$

$$\text{实际防治效果} = \frac{\text{对照区病情指数增长值} - \text{处理区病情指数增长值}}{\text{对照区病情指数增长值}} \times 100\%$$

二、实训设计与指导

（一）实训目标

通过苗木病害防治药效试验的实训，使学生学会拟定药效试验设计方案，掌握药效检查和试验结果分析的方法。

（二）实训场所与器材

实训场所为在苗木生长季节，具有发生叶部病害的面积在3000 m^2 的苗圃地。主要器材为背负式喷雾器、测绳、量筒、天平、配药桶、防护服、胶手套、口罩、汽油、杀菌剂、记录夹等。

（三）实训的组织与流程

采用项目/任务实训模式，由教师介绍药效试验的原则和方法，下达任务；学生以5～6人为一组，由组长带领拟定药效试验方案，通过教师批准后实施。教师在实训过程中予以指导并监督安全，防止违规作业。按规定的时间由学生检查药效，并写出药效试验报告，教师批阅。

苗木病害防治药效试验程序为：选择试验圃地→小区排列设计→选择药剂处理项目→处理区与对照区发病率和感病指数调查→施药作业→药效检查→药效分析。

（四）操作内容与方法

1. 试验地选择及病害调查

每组在苗圃选择1亩以上、有叶部病害的针阔叶苗木的地块作为试验地。

2. 调查苗木病害发生情况

在试验地内采用对角线、五点式或棋盘式等方式选择样地，样地总面积应为试验面积的 0.5%，每个样地为 0.5 ~ 1m^2 或 1 ~ 2m 长的条播带，原则上样地内苗木以不少于 100 株为宜。在样地内调查苗木发病种类、株数、发病率及感病指数。记载苗圃地基本情况。

3. 试验区设计

在试验区居中央位置按对比法进行小区排列设计，设 4 个处理，2 个重复和 4 个对照区（如图Ⅱ-4-4），每个处理或对照小区面积不少于 33 m^2。

处理1	对照区	处理2	处理3	对照区	处理4	处理1	对照区	处理2	处理3	对照区	处理4

图Ⅱ-4-4　小区对比排列设计

4. 选择处理项目

根据苗木叶部病害的种类，选择试验用药剂浓度。药剂可采用多菌灵、甲基硫菌灵、三唑酮、烯唑醇等。对照区可采用清水喷雾，处理区等用药液喷雾。为便于操作、简便易行，建议设 4 个不同药剂和浓度的处理，设 4 个对照。

5. 处理区与对照区的发病情况调查

对每个处理区和对照区做防治试验前的发病率和感病指数调查。

6. 喷雾作业

使用 5 个背负式喷雾器（每组 1 个），分别将配制好的 4 个处理的药剂和对照的清水装入相应的喷雾器中，进行喷雾作业。喷雾时要用硬纸板等保护另一个小区不受影响；每个小区喷液量要一致；要严格按设计的小区顺序进行不同处理的喷雾作业，不得打乱设计顺序。

7. 药效检查

在喷药后的 7 天、10 天、15 天，对每个处理区和对照区进行苗木发病株数或发病叶片数的调查，计算发病率、感病指数；根据防治前的发病率和感病指数，计算防治效果。

（五）技能考核标准

技能考核标准见表Ⅱ-4-2。

表Ⅱ-4-2　技能考核标准

考核项目	考核方式	考核时间	合格标准
药效试验报告	每人独立撰写一份药效试验报告，由教师批阅	药效检查完毕之后	数据计算准确；防治效果符合要求；体例规范；结果分析正确，符合逻辑

实训5 森林植物检疫

一、任务描述

森林植物检疫包括产地检疫和调运检疫。调运检疫程序包括报检、受理检疫、现场检疫、除害处理和签发检疫证书等5个环节。

1. 报检

承运单位或个人向所辖地区的森检机构申请调运检疫，并填写《森林植物检疫报检单》，出示《产地检疫合格证》(未经产地检疫的除外)，提交调入地森检机构出具的《植物检疫要求书》；若森林植物及其产品系外地调进的，需要调出时则应按照《国内森林植物检疫技术规程》的要求，出示《植物检疫证书》。

2. 受理检疫

检疫机构受理报检单后，受理检疫业务的森检员，要认真审查报检单及所有单证、票证是否真实有效，并分析疫情，明确检疫要求。

3. 现场检疫

到现场检疫时，应仔细核查森林植物及其产品标签上的品种、名称、产地、数量是否与报检单一致，有无掺杂使假、冒名顶替等作弊现象。同时，按照《国内森林植物检疫技术规程》规定的比例和方法抽样，以确定是否带有检疫性有害生物，若能作出可靠判断的，当场即可作出放行或除害处理的决定；若现场不能作出可靠判断的，需再抽取一定数量的样本，连同现场检疫时发现的样本及其危害物，一并送室内或专家作进一步的化验或鉴定。

4. 除害处理

根据现行植物检疫法规和规定，在检疫中一旦发现检疫性有害生物，要填写《检疫处理通知单》，调运单位或个人要进行除害处理。检疫除害处理的方法应该具备快速、高效、安全3个条件，目前主要方法有熏蒸、微波加热、水贮以及停运、责令退回或销毁等处理措施。

5. 签发《植物检疫证书》

检疫合格后要签发检疫合格证书，证书的正本交货主，随货寄运；副本一份由承运人交收寄、托运单位留存；另一份副本寄收货方所属的检疫机关(省际间调运的寄给调入省的检疫机关)；第三份副本与供货单位或个人提交的调运检疫报告单和植物检疫要求书一起留签证的检疫机关存档备案。目前，有些地区已开始实行网上开证与证件传输，其程序有些相应变化。

办理检疫证书时，要依据报检单位或个人出示的销售合同书或销售发票所列的数量、单价、金额等内容，根据《国内森林植物检疫收费办法》(林护字[1998]492号)和国家物价局、财政部关于发布中央管理的林业系统行政事业性收费项目及标准通知(价费字[1992]196号)，依法收取检疫费和证书工本费。

产地检疫时苗木按货值的0.4%、林木种子和木材按货值0.1%收取检疫费；调运检疫时苗木按货值的0.8%、林木种子和木材按货值0.2%收取检疫费。

二、实训设计与指导

(一)实训目标

通过产地检疫和调运检疫两项内容的实训，使学生熟悉检疫的一般程序，掌握检疫抽样与室内检验的常用技术与方法。

(二)实训场所与器材

在有害生物发生季节，选择具有检疫性有害生物或危险性病虫存在的苗圃、种子林、母树林各1处；本地区县级以上森林病虫害防治检疫站3~4个。

主要检疫器材：软X光机、筛选振荡器、显微镜、解剖镜、熏蒸箱、帐幕、熏蒸剂、检疫单证；病虫害采集箱，记录夹及调查表格等。

(三)实训的组织与流程

该项目的产地检疫采用实习法，调运检疫采用顶岗实训模式。将学生按5~6人分成小组，在教师指导下，到苗圃、种子林、母树林现场检查其苗木所存在的检疫性有害生物，了解本地区的检疫性有害生物发生情况。与当地森林病虫害防治检疫站联系，分组到站上，由该站技术人员指导，参予其森林病虫害的检疫业务活动。

产地检疫实训程序为：踏查→确定检疫实训地点及范围(种子林、母树林或贮木场)→设置标准地或抽样数→现场逐株(木)检查→室内检验(有必要时)→填写检疫单证。

调运检疫实训程序：联系实训站点→教师帮学生确定实训岗位→站内森防人员对学生进行培训→由站内森防业务人员传、帮、带→在森防业务人员指导下开展调运检疫工作→顶岗实习考核。

(四)操作内容与方法

1. 产地检疫

(1)苗圃检疫调查

①选择一处有检疫对象或危险性病虫存在的苗圃，在检疫性有害生物发生季节进行调查。

②询问苗圃的种苗来源、栽培管理及检疫性有害生物发生情况，确定调查重点和调查方法，准备好用于观察、采集、鉴定用的工具和记录表格。

③在苗圃中选择有代表性的路线进行踏查。踏查苗木时，需查看顶梢、叶片、茎干及枝条等有无病变、病害症状、虫体及被害状等，必要时挖取苗木检查根部。初步确定病虫种类、分布范围、发生面积、发生特点、危害程度。对在踏查过程中发现的检疫性有害生物和其他危害性病虫，需进一步掌握危害情况的，应设立标准地(或样方)做详细调查。

④标准地应选设在病、虫发生区域内有代表性的地段。标准地的累计总面积应不少于调查总面积的0.1%~5%，针叶树苗木每块标准地面积为0.1~5m^2(或1~2m条播带)，阔叶树每块标准地面积为1~5m^2，对抽取的样株逐株检查。统计调查总株数、病虫种类，被害株数和危害程度，计算感病株率、感病指数、虫口密度、有虫株率，记入种实苗木产地检疫

调查表(表Ⅱ-5-1)。

表Ⅱ-5-1　种实苗木产地检疫调查表

1. 调查地点 ________________; 2. 树　种 ________________;
3. 种　源 ________________; 4. 面积(总株数) ________________;
5. 病虫名称(编号) ________________; 6. 发生面积 ________________;
7. 发生特点(分布情况) ________________; 8. 防治措施及效果 ________________;
9. 标准地调查记录 ________________。

样地(株)号	面积	总株(粒)数	被害株(粒)数	感病(虫)率(%)	虫口密度	各级病株(粒)数					感病指数
						Ⅰ	Ⅱ	Ⅲ	Ⅳ	Ⅴ	

调查单位:　　　　检疫员:　　　　年　月　日

⑤填写产地检疫记录及产地检疫合格证(表Ⅱ-5-2、表Ⅱ-5-3)。

表Ⅱ-5-2　产地检疫记录

产检字第　　号　　　　年　　月　　日

检疫地点	森林植物或林产品名单	总数量(kg、株、根)	产地检疫情况				备　注
			抽查数量(kg、株、根)			危险病虫名称	
			合计	不带危险病虫数	带有危险病虫数		
处理意见							

表Ⅱ-5-3　产地检疫合格证

省(自治区、直辖市)　　　　县林产检字[　　]年第　　号

受检单位(个人)	
通讯地址	
森林植物及其产品名称	
数量	
产地检疫地点	
预定起运时间	
预定运往地点	
检疫结果: 经检疫检验，上列森林植物及其产品中未发现森林植物检疫对象、补充森林植物检疫对象和其他危险性森林病虫，产地检疫合格。 本证有效期　年　月　日至　年　月　日 签发机关(盖森检专用章)　森检人员: 签发日期　年　月　日(签名或盖章)	
备注	

(2)种子园、母树林的检疫调查

①选设有检疫对象或危险性病虫的种子园或母树林，在检疫性有害生物发生期进行。

②在种子园或母树林中选择有代表性地段设置标准地。同一类型的林分面积在 $5hm^2$ 以上时应不少于 4 块标准地；面积在 $5hm^2$ 以下时，选设一块标准地。每块标准地林木株数应不少于 10 ~ 15 株，按树冠上、中、下不同部位，每株随机采摘种子(果实)10 ~ 100 个，逐个进行解剖检查。

③用肉眼或借助放大镜直观检查采摘下的种子(果实)表面有无病害症状、虫体或危害特征(斑点、虫孔、虫粪等)。对种子表面色泽异常的，剖开种粒检查种子内部是否有病害症状、虫体及被害状，确定病虫种类、被害数量及被害率，记入表Ⅱ-5-1 中。

④填写产地检疫记录及产地检疫合格证(表Ⅱ-5-2、表Ⅱ-5-3)。

(3)贮木场检疫调查

在实训地附近选择一处贮木场，从楞垛表面抽样或分层抽样调查。

对贮木场的原木、锯材、竹材、藤等，每堆垛(捆)抽样不应少于 $5m^3$ 或 3 ~ 6 根(条)，每根样木选设样方 2 ~ 4 个，样方大小一般为 20cm × 50cm(或 10cm × 100cm)；检查受检物表面有无蛀孔屑、虫粪、活虫、茧蛹、病害症状等，并铲起树皮，查看韧皮部或木质部内部害虫和菌体。检查结束后填写产地检疫调查表。

(4)种子室内检验

①害虫检验　对混杂在种子间的害虫，可用过筛检验，具体操作方法如下：

标准筛的孔径规格及所需用的筛层数，根据种粒和有害生物的大小而定。检查时，先把选定的筛层按照孔径大小(大孔径的在上，小孔径的在下)的顺序套好，再将种子样品放入最上面的筛层内。样品不宜放过多或过少，以占本筛层体积的 2/3 为宜，加盖后进行筛选。筛选时，采用手动筛选左右摆动 20 次；在筛选振荡器上筛选 0.5min。然后分别将第一层、第二层、第三层的筛上物和筛底的筛下物分别倒入白瓷盘内，摊成薄薄一层，用肉眼或借助放大镜检查其中的虫体。将筛底的筛下物放在培养皿中，在解剖镜下检查其中害虫、虫卵的种类和数量。害虫数量可根据下列公式计算：

$$害虫含量(头/kg) = \frac{害虫头数或卵粒数}{代表样品重量(g)} \times 1000$$

对种子内的害虫，可采用已学过的剖粒、密度及软 X 光射线透视等检验方法进行检验。

对隐蔽在叶部或干、茎部的害虫，用刀、锯或其他工具剖开被害部位或可疑部位进行检查。剖开时要注意虫体完整。

借助显微镜、解剖镜等，参照已定名的昆虫标本、有关图谱、资料等进行识别鉴定。

②病原真菌检验　用徒手切片法借助显微镜观察病原真菌的形态特征，并结合采集的病害寄主标本鉴定。

2. 调运检疫

此项实训内容可到当地森检部门采取顶岗实习形式进行。调运程序包括报检、受理、现场检查、除害处理、签发证书等 5 个环节，下面将检疫单证填写和现场检查重点说明如下。

(1)阅读和填写检疫单证

调出森林植物的单位和个人要填写《森林植物检疫报检单》，要求调入省的单位或个人要填写《森林植物检疫要求书》，森检机构要对此进行审核。可阅读这些检疫单的内容并会

填写(表Ⅱ-5-4、表Ⅱ-5-5)。检疫合格要签发《植物检疫证书》，填写要求如下：

植物检疫证书填写说明

1. 林(　)检字：(　)内填写签发机关所在省(自治区、直辖市)的简称。

2. 产地：详细写明×××省(自治区、直辖市)×××市(地、盟、州)×××县(市、区、旗)。

3. 运输工具：注明汽车、火车、轮船、飞机等。

4. 包装：注明包装形式(如袋装、箱装、筐装、散装、捆装等)和包装材料。

5. 运输起讫：详细写明自××省(自治区、直辖市)××市(地、盟、州)××县(市、区、旗)至××省(自治区、直辖市)××市(地、盟、州)××县(市、区、旗)。

6. 发货单位(人)及地址：详细注明发货单位或发货人姓名及详细地址。

7. 收货单位(人)及地址：详细注明收货单位或收货人姓名及详细地址。

8. 有效期限：用阿拉伯数字注明年月日。

9. 植物名称：填写植物品种名称。

10. 品名(材种)：填写种子、种球、块根、草籽、苗木、接穗、插条、盆景、盆花、原木、板材、竹材、胶合板、刨花板、纤维板、果品、中药材、木(竹)制品等。

11. 单位：注明株、根、千克(kg)、立方米(m^3)等。

12. 数量：用阿拉伯数字填写。

13. 签发意见：签发意见栏的(　)中填写“产地”或“调运”或“查验原植物检疫证书 ”。如有需要说明的其他情况，可在此栏空白处注明。

14. 委托机关：委托市县办理出省《植物检疫证书》的，盖省级森林植物检疫专用章。

15. 签发机关：盖签证机关的森林植物检疫专用章。

16. 检疫员：用书写签字或盖章。

17. 签证日期：用阿拉伯数字填写。

18. 其他：证书为无碳复写纸印制，可用手工填写或计算机打印。手工书写时要使用垫板。填写错误或更改处，需加盖检疫员章。此外，证书保存时应避光、隔热、密封，注意不要被锐器顶碰。

表Ⅱ-5-4　森林植物检疫报检表

编号：　　　　　　　　　　　　　　检疫日期：

报检人(单位)		地址	
		电话	
森林植物及其产品名称		产地	
数量(重量)		包装	
运往地点		存放地点	
调出时间		运输工具	
调入省的检疫要求：			
检疫结果 检疫员： 年　月　日			

附注：双线以上由报检人填写。

表Ⅱ-5-5 森林植物检疫要求书

编号：

<table>
<tr><td rowspan="5">调入单位或个人填写</td><td>申请单位（个人）</td><td></td><td>申请日期</td><td>年 月 日</td></tr>
<tr><td>通 讯
地 址</td><td></td><td>电 话</td><td></td></tr>
<tr><td>森林植物及
其产品名称</td><td></td><td>数 量
（重量）</td><td></td></tr>
<tr><td>调入地点</td><td colspan="3"></td></tr>
<tr><td>调入时间</td><td colspan="3"></td></tr>
<tr><td rowspan="3">森检机构填写</td><td>要求检疫
对象名单</td><td colspan="3"></td></tr>
<tr><td>其他危险性病、虫</td><td></td><td colspan="2" rowspan="2">森检机构专用章
森检员（签名）
年 月 日</td></tr>
<tr><td>备 注</td><td></td></tr>
</table>

附注：

1. 本要求书一式二联，第一联由调入单位（个人）交调出单位；第二联森检机构留存。
2. 调出单位（个人）凭要求书向所在地的省、自治区、直辖市森检机构或其委托的单位报检。

（2）调运森林植物的现场检查

①被检样品的抽取数量

a. 种子、果实（干、鲜果）按一批货物总数或总件数的0.5%～5%抽取。

b. 苗木（含试管苗）、块根、块茎、鳞茎、球茎、砧木、插条、接穗、花卉等繁殖材料按一批货物总件数的1%～5%抽取。

c. 原木、锯材、竹材、藤及其制品（含半成品）等按一批货物总数或总件数的0.5%～10%抽取。

d. 散装种子、果实、苗木（含试管苗）、块根、块茎、鳞茎、球茎、生药材等按货物总量的0.5%～5%抽查。种子、果实、生药材少于1kg，苗木（含试管苗）、块根、块茎、鳞茎、球茎、砧木、插条少于20株时需全部检查。

②被检样品的抽取方法

a. 现场检查散装的种子、果实、苗木（含试管苗）、块根、块茎、鳞茎、球茎、花卉、中药材等时，按照抽样比例，从报检的森林植物及产品中分层取样，直到取完规定的样品数量为止。

b. 现场检查原木、锯材、竹材、藤等时，按抽样比例，视疫情发生情况从楞垛表层或分层抽样检查。

③现场检验

a. 种子、果实外部检验：将抽取的种实样品倒入事先准备好的容器内，用肉眼或借助放大镜直接观察种实外部有无伤害情况，把异常的种子、果实拣出，放在白纸上剖粒检查果肉、果核，或经过不同规格筛，选出虫体、虫卵、病粒、菌核等，做初步鉴定。

b. 苗木检验：将抽取的苗木（含试管苗）、块根、块茎、鳞茎、球茎、砧木、插条、接穗、花卉等检验样品，放在一块100cm×100cm的白布（或塑料布）上，详细观察根、茎、

叶、芽、花等各个部位，有无变形、变色、溃疡、枯死、虫瘿、虫孔、蛀屑、虫粪等，做初步鉴定。

c. 枝干、原木、锯材、竹材、藤及其制品(含半成品)检验：现场仔细检查枝干、原木、锯材、竹材、藤等外表及裂缝处有无溃疡、肿瘤、流脂、变色、虫体、卵囊、虫孔、虫粪、蛀屑等，做初步鉴定。

d. 中药材、果品、野生及栽培菌类检验：用肉眼或借助放大镜直接观察种实表面有无危害症状(斑点、虫体、虫粪等)，并剖开内部检查，确定病虫种类、数量，做初步鉴定。

(3)除害处理

对受检的森林植物及其产品，经现场检查，室内检验，发现检疫对象或其他危险病虫的，森检机构需签发《检疫处理通知单》，责令受检单位(个人)按规定要求进行除害处理。对目前无办法除害处理的森林植物及产品，责令改变用途或控制使用；采取上述措施均无效时，应予销毁。

为了使检疫检验实训更有针对性，各校可根据当地具有的地方性的检疫对象进行实训，现将杨干象、松突圆蚧、美国白蛾、枣大球蚧、冠瘿病菌、松材线虫、松疱锈病菌、落叶松枯梢病菌等 8 种检疫技术操作办法附后，以供实训时参考。

(五)技能考核标准

技能考核标准见表Ⅱ-5-6。

表Ⅱ-5-6　技能考核标准

考核项目	考核方式	考核时间	合格标准
产地检疫技术	由教师或森防站专业人员在工作现场予以考核	实训过程中	抽样方法正确；抽样数量准备；能准确鉴定常见病虫种类；填写检疫单证正确

实训 6　森林火灾应急预案的编制与扑救演练

一、任务描述

1. 森林火灾应急预案

森林火灾应急预案的编制和实施，是森林防火应急机制建设的重要内容。它可以促进政府对森林火灾应急管理的程序化、制度化、科学化，使政府在处置森林火灾时有法可依、有据可查；同时，也能整合、发挥各部门救灾资源的合力作用；减轻森林火灾损失，建立高效救灾运行机制，提高森林火灾救灾工作的整体水平。2005 年我国把《国家处置重、特大森林火灾应急预案》列入国家专项预案。各地林业部门也相应制定了本地区的森林火灾应急预案。

制定和落实森林火灾应急预案是一项全面、系统性工作，涉及多部门、多层次、多方面。森林火灾应急预案制定的程序，一般是由森林防火指挥部办公室会同有关部门，写出预案的草案；然后召开森林防火指挥部全体成员会议讨论通过，报请同级政府批准颁布或以指挥部的名义颁布执行。每年防火期到来之前都要根据当年实际修订应急预案。

2. 森林火灾扑救演练

进行森林火灾扑救演练可以提高森林火灾扑救人员的业务素质和能力。对于森林防火指挥部而言，森林火灾扑救演练还可以评估辖区森林火灾的应急反应能力，发现并及时修改森林火灾扑救预案及其在执行程序、行动核查中的缺陷和不足，促使相关机构、组织和人员之间相互协调，总结和分析森林防火日常培训的需求，也能促进社会对森林火灾应急预案的理解，争取他们对重大事故应急工作的支持。根据森林火灾扑救演练的复杂程度和规模，可以将应急演练分为以下 3 种类型。

(1) 桌面演练

桌面演练一般是指在室内进行的口头演练，通常针对设定的某种自然条件下的森林火灾，由参与人员口头上进行火灾扑救工作的模拟演练。桌面演练可以在参与森林火灾扑救有关部门工作人员和森林消防指挥员之间进行，也可以在森林消防队员、护林人员中进行。其主要特点是在没有时间限制和现场威胁的情况下，演练人员依据应急预案进行火灾事故处置不同环节的各种对策练习，同时检查和解决应急预案中问题，并获得一些建设性的讨论结果。演练之后一般采取口头评论形式收集演练人员的建议，并提交简短的书面报告，总结演练活动和提出有关改进工作的建议。

桌面演练方法成本较低，可为实战演练做准备；按照应急预案及其标准运作程序，讨论紧急情况时所应采取的行动。

(2) 功能演练

功能演练是指针对森林火灾扑救预案中的某项应急响应功能，例如针对森林防火指挥机关和扑火队伍的演练，或针对通信、保障、运输等方面组织一些专项演练活动。功能演练一般应在森林防火指挥中心举行，同时也可以开展现场演练，调用有限的应急设备，主要目的是针对森林火灾事故中某种应急反应功能，锻炼和检验应急响应人员以及应急管理体系的策划和响应能力。例如，森林火灾扑救指挥功能的演练，目的是检测、评价在森林防火指挥部的统一指挥下，多个政府部门协调行动、密切配合、及时响应的能力。

功能演练比桌面演练规模大，演练地点主要集中在若干个应急指挥中心或前线指挥部，并开展有限的现场活动，调用有限的外部资源，需要动员和参与的人员和组织多，协调工作的难度也随之增大。演练完成后，除采取口头评论形式外，还应向主管部门提交有关演练活动的书面汇报，提出改进建议。

(3)全面演练

全面演练指针对特定条件下的森林火灾，依据已制定颁布的森林火灾扑救预案的全部或大部分应急响应功能所进行的演练活动。它属于实战性的综合型演练，具有检验、评价森林火灾扑救预案和锻炼提高队伍战斗力的作用。全面演练一般持续时间较长，调用的应急响应人员、设备和资源多，演练过程基本接近真实情况。演练过程一般采取交互式进行，强调参与各方面力量的相互协调、协同作战的应急响应能力。全面演练既有负责应急运行、协调和政策拟定人员的参与，也有一线战斗人员的参加。演练完成后，除采取口头评论、书面汇报外，还应提交正式的书面报告。

森林防火指挥部一般应尽量每年进行一次针对森林火灾扑救的全面演练，并在全面应急演练前，开展若干次桌面演练和功能演练，并形成相关的制度。

3. 森林火灾扑救的准备工作

森林火灾的扑救要实行“打早、打小、打了”的原则。主要的扑火准备工作包括组织准备和物资准备。

(1)组织准备

各级森林防火指挥部对森林火灾的扑救负有重要责任。一般专职扑火指挥员由各林业局防火办主任或副主任担任，可以在防扑火指挥决策上行使副局级领导权力。扑救森林火灾应当逐步实行扑火队伍的专业化，要以专业(半专业)森林消防队、武警森林部队、驻军、武警部队、民兵、预备役部队等专业扑火力量为主，要注意建立多层次、多形式的队伍，实现专业队伍为主，专业队伍与动员群众结合。

(2)物资准备

林区要建立防火物资储备库，储备一定数量的扑火机具；每支森林消防队至少准备一种交通工具，储备足够的燃油；每支森林消防队准备超短波无线电对讲机若干台；配备充足的干粮、防火服、头盔、手电筒、毛巾，以及医药卫生救护用品等生活劳保用品。

4. 扑火前线指挥机构的设立及职责

非重点火险区发生火情，天气情况允许，短时间能够扑灭的火场可不设前线指挥部，由专业扑火队队长全权负责指挥扑救；重点火险区发生火情，必须设立扑火前线指挥部。

扑火前线指挥部应设立明显的标志，路口设立指示牌，做到突出、醒目。一般是：白天设置红旗，旗面有扑火前线指挥部名称标志，夜间以红灯为标志。扑火指挥部成员应佩戴相应的袖标或胸签，有条件的单位可统一着装，指挥服的样式要体现实用、醒目的原则。

扑火前线指挥部要配备现代的通信联络设施设备，统一频率、呼号，有条件的应配有数码摄像机，照像机，数码录音机，卫星电话，GPS/对讲导航通讯一体机，笔记本电脑，便携式打印、传真、复印机，投影仪(包括伸缩幕布)等设备。配备红外线测温仪和风力风向气象仪器。统一地图的使用，最好使用 1:10 万或 1:5 万的地形图或林相图。

扑火前线指挥部应设若干小组，各组职责分工如下。

①扑救指挥组　遵照总指挥扑火作战意图，组织调度火场所有扑火力量投入灭火战斗。及时准确地向总指挥反馈扑火进展情况，根据火场趋势拟定人力、工机具、物资、飞机等需求计划，并将计划报至基地指挥部，以确保火场所需。火场扑灭后负责组织有关人员联合检查验收。

②通讯联络组　迅捷组建火场通迅网，规定火场扑火队的通讯频率和呼号，保持与各分指挥部、基地指挥部的通讯联络，确保火场内外信息畅通无阻。

③气象信息组　负责火场气象信息的收集和报告，全面掌握卫星监测热点情况，及时向总调度长和各组提供火场天气情况，合理适时提出实施人工增雨的建议。

④航空调度组　负责合理安排飞行计划，统一调度指挥飞机，适时实施化学、吊桶、索降灭火，负责空中观察火情、勾绘火场图、空中运兵、查验火场面积。协调航油、地面保障等事宜。

⑤后勤保障组　负责火场前线所需食品、装备、机具、配件、油脂等物资的储备和调配。向扑火前线指挥部及各工作组人员提供办公、会议、交通、生活等各项服务。负责督查参战扑火队伍所带工机具以及是否按规定备足进入火场 3 天的给养。负责接待扑火队伍中转、派出向导等事宜。

⑥运输安全组　负责运兵和给养车辆的调配指挥，使有限的车辆发挥最大的运输功效，并做好车辆的安全检查和运行监督，确保扑火车辆运输安全，畅通无阻。

⑦综合文秘组　负责火场的文秘工作，包括火情动态、文电收发、打印传输、会议记录、采集影像等。负责火场扑救指挥全过程原始资料的收集整理。

⑧火案调查组　负责火案侦破、嫌疑人的拘审工作；负责督导扑火人员安全自救事宜；负责扑火前线指战员及火场物资的安全保卫；负责维护火场治安和交通疏导工作。

⑨医疗救护组　组织管理好医疗救护车辆、药品、器械，率领医护人员及时开展战地医疗救护；负责火场食品等检疫工作，防止疫情发生。

⑩宣传报道组　负责接待经扑火前线指挥部批准来采访报道的有关新闻媒体。发布火场信息，明确导向，协助采集扑火综合信息工作，并对所有新闻报道严格审核、慎重把关，以免失真。并要面向扑火一线，肩负起火场的鼓励、动员工作，及时通报火场涌现的先进事迹，以鼓舞士气。同时，对贻误战机的现象进行通报批评，以避免此类事情的继续发生。

⑪善后工作组　负责灾后对森林资源和直接扑火经济损失的统计核实，及时上报。提出过火林木的处理意见和恢复森林生态环境的实施方案。综合各方面情况，提出战后讲评、奖惩的建议。

5. 扑火队扑救林火的工作要求

各扑火队(组)长接到扑火命令后，做好以下工作：

①全面掌握火场所处的地形地势、森林植被、林火趋势、气象因子、扑火力量及社会环境条件等情况。一是寻找突破口，确定打法；二是选择路线。选择路线时，要考虑到扑火人员受到威胁时，有安全的撤退路线。

②战前动员与小组编队。各支扑火队领受任务后，要做好思想工作，进行战前动员。战前动员要简短有力，内容通常为：当前的任务；划分小组，一般 3～4 人为一组；指定负责

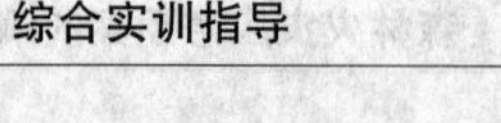

人，明确各小组的任务；宣布火场纪律。

③带领队伍按时到达指定的地点和部位。一般情况下，应从火烧迹地入火场，即从火的后方入场较安全。

④迅速投入灭火战斗。一般情况下，使用机具扑火，扑火队员沿火线的外侧扑打，一旦火势突变，可以进入火烧迹地内避火。

⑤向前线指挥部报告。报告的主要内容为：扑火队到达时间，携带的工具，开始实施扑火的时机，采取的扑火技战术等。

⑥观察火线扑救情况。一是观察火向内、外发展趋势，特别是重点观察向外侧发展的飞火，防止被火包围；二是根据火势发展、扑火情况及时调整和补充扑火命令。

⑦协同扑火。各扑火队(组)与相邻的扑火队(组)必须碰头，否则接合部的火会复燃。因此，各扑火队(组)在扑火中必须会合扣头，不扣头不停止。

⑧火灾扑灭后，清点人数和工具，经请求前线指挥部同意后，带领全体扑火人员沿原路返回。

⑨向前线指挥部报告扑灭火的时机和会合扣头单位及领导名单，返回的扑火人数和时间，以及火线情况。

⑩监视火场。当火彻底熄灭后，负责看守火场的队(组)长每 2h 派人员携带对讲机和工具，在火场边缘巡视一遍。

二、综合实训设计与指导

(一)实训目标

通过森林火灾应急预案编制与扑救演练的实训，使学生熟悉森林火灾扑救的工作组织与程序；熟悉森林火灾应急预案的编制方法；掌握主要的森林灭火战术和常见灭火器具的使用方法；学会判断和描述火灾现场情况与林火的发展趋势，熟悉森林火场资料统计和报表填写的方法，从而提高综合运用森林火灾预防和扑救知识的能力，增强学生从事森林火灾扑救工作的技战能力和心理素质。

本实训应达到以下具体要求：

①能够根据实验林场[或乡(镇)、村]的森林、植被、道路、地形、气候等自然条件，结合当地社会经济状况，编制一套县级森林火灾应急预案，或者编制乡(镇)或林场级别或行政村级别的森林火灾应急处置办法。

②熟悉森林火灾扑救工作的准备、队伍组织与出动、火场扑救与灭火战术的运用。

③能够勾画林火态势图，掌握林火情况的概括及文字记录的方法，能够在火灾现场进行通讯记录、情况调度、公文表格的规范填写。

④能够熟练使用二号工具、灭火水枪和风力灭火机等机具进行林火扑救，掌握森林火场中不同灭火机具相互配合使用的技巧。了解风力灭火机的维修技术。

⑤掌握 2 种以上森林火灾扑救的战术与方法；学会 2 种以上在森林火场危险情况下进行安全自救的方法，会进行森林火场安全自救的操作；学会森林火场清理的操作步骤和方法。

(二)实训场所及器材

本实训主要在实验林场进行。编制森林火灾应急预案，可以该实训林场或者以实训林场邻近的乡(镇)作为预案响应的空间级别界限。

森林火灾扑救演练的实训地点，宜选择该实训林场内地势平坦、视野开阔的地带，扑救演练地点的植被应具备以下条件：①无林地或疏林地生长的灌木、草类平均高度应低于 0. 8m；②如果选择演练地点为有林地，则应为相对独立的地块，与周围森林不连接或较少连接，林内草灌平均高度不超过 0. 7m；③在防火期内进行演练时，最好选择林场内无植被的开阔地带。

实训必需的器材包括：实训林场的自然地理、森林资源资料和历史火灾统计资料，实验林场的地形图，以上资料每组 1 套；防火服、二号工具、灭火水枪、风力灭火机、打火机、对讲机、维修工具，以上设备每组 2 套；毛巾每人 1 条(自备)；森林扑火现场常用的公文表格每人 1 套。另准备农作物秸秆或枯枝落叶等若干，汽油、机油、灭火手雷、高压灭火喷水泵、点火器等备用。

(三)实训组织与流程

1. 时间安排

本实训项目应安排 4d 时间，分 5 个阶段进行，分别是：预案编制与室内训练、扑火准备、扑火演练、休整维护、总结评价等。每个阶段的训练内容及时间分配如下(表Ⅱ-6-1)。

表Ⅱ-6-1　实训内容与时间安排表

<table>
<tr><th>阶　段</th><th>主要环节</th><th>实训内容</th><th>课时安排</th><th>备　注</th></tr>
<tr><td rowspan="3">室内训练阶段</td><td>1</td><td>实训指导教师讲解实训目的、要求、过程、实训环节的先后顺序与具体做法，森林火灾扑救规程和有关森林防火扑救的法律法规与制度等内容</td><td rowspan="3">8</td><td rowspan="3">根据火烧试验区的实际需要，确定控制线的开设。可充分利用自然阻隔带</td></tr>
<tr><td>2</td><td>森林火灾应急预案(或处置办法)的编制</td></tr>
<tr><td>3</td><td>分组进行桌面演练</td></tr>
<tr><td rowspan="2">扑火准备阶段</td><td>4</td><td>火烧试验区的安全准备，火场控制线的开设</td><td rowspan="2">4</td><td rowspan="4">分组单项灭火操作练习与班级集体演练相结合</td></tr>
<tr><td>5</td><td>森林防火服、防火鞋等的穿戴练习，森林灭火机具的安装、调试，携带机具的运动练习</td></tr>
<tr><td rowspan="3">扑救演练阶段</td><td>6</td><td>火场中不同灭火机具的配合，分兵合围战术的运用</td><td rowspan="3">6</td></tr>
<tr><td>7</td><td>森林火场险境自救、森林火场清理与灭火队伍撤退演练</td></tr>
<tr><td>8</td><td>森林火场林火态势图的勾画，林火情况的描述及记录，火场公文表格的规范填写</td><td>与火场灭火同时进行</td></tr>
<tr><td>休整维护阶段</td><td>9</td><td>风力灭火机的维修、保养</td><td>3</td><td>分组进行</td></tr>
<tr><td>总结评价阶段</td><td>10</td><td>教师总结评价，学生互评</td><td>3</td><td></td></tr>
<tr><td colspan="3">合　计</td><td>24</td><td></td></tr>
</table>

2. 实训工作流程

本实训项目的技术要求高，危险性大，组织工作要求严密有序。实训的组织工作可以按照 5 个阶段、9 个环节进行（实训组织工作流程的见图Ⅱ-6-1），具体内容如下。

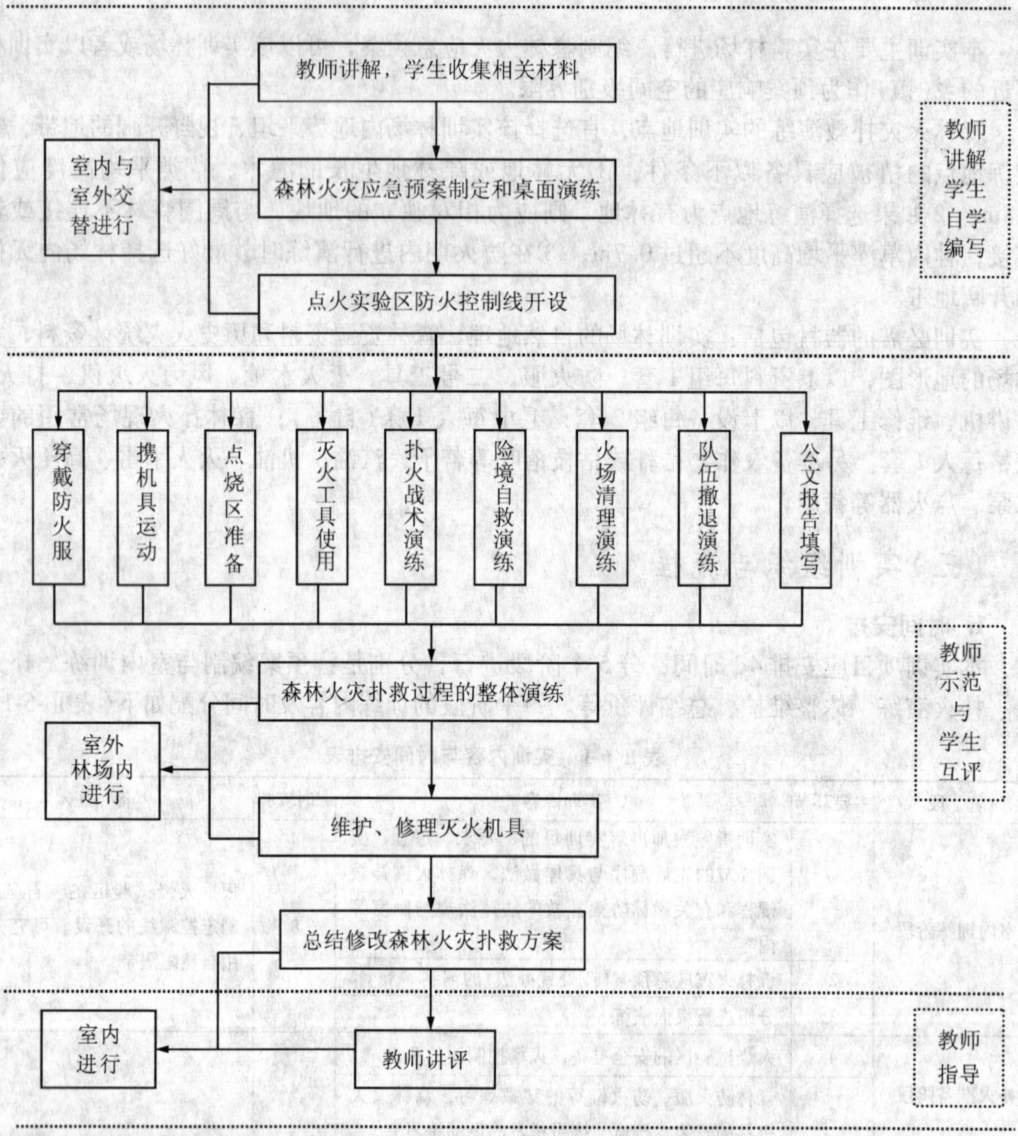

教师讲解，学生收集相关材料
森林火灾应急预案制定和桌面演练
室内与室外交替进行
点火实验区防火控制线开设
教师讲解学生自学编写

穿戴防火服
携机具运动
点烧区准备
灭火工具使用
扑火战术演练
险境自救演练
火场清理演练
队伍撤退演练
公文报告填写

森林火灾扑救过程的整体演练
室外林场内进行
维护、修理灭火机具
总结修改森林火灾扑救方案
教师示范与学生互评

教师讲评
室内进行
教师指导

图Ⅱ-6-1　森林火灾扑救演练综合实训流程图

(1)预案编制与室内训练

本阶段分三个环节：

第一，准备阶段。内容包括：实训指导教师介绍，学生的准备。实训指导教师要重点介绍实训目的、要求、过程、实训的具体做法，实验林场的自然、社会、经济条件和森林火灾情况，火灾扑救安全知识与示范，森林火灾扑救规程（LY/T1679—2006）和有关森林防火扑救的法律法规与制度。学生在教师指导下搜集相关的案例和信息。

第二，编制森林火灾应急预案[或乡（镇）森林火灾应急处置办法]。

第三，分组桌面演练。根据制定的应急预案，每位学生均要独立拟定具体的森林火灾扑救方案；根据应急预案和有针对性的扑救方案，进行小组讨论；之后，每个小组集中研讨火灾扑救行动方案的细节，并设定不同森林火灾情况，有针对性地进行组内讨论，展开桌面演练。

(2)扑火准备

本阶段分 2 个环节：

第一，预设森林火灾现场的安全防火准备。在教师带领下，组织学生在火烧实验区周边开设防火控制线，讲解实训过程中防止跑火的注意事项，使学生熟悉实训地区的环境，做好充分的心理准备，确保安全。

第二，分组练习森林防火服、防火鞋等的穿戴，森林灭火机具的安装、调试、携带等，要求每位学生都要动手，分步骤进行反复练习。

(3)扑火演练

在教师组织下，分小组对扑火准备、火场扑救、火场自救、火场清理、队伍撤退等森林火灾扑救工作的全过程进行演练。

(4)休整维护

每个学生针对风力灭火机的 1 项故障进行排除，并对机具进行保养维护。

(5)总结评价

通过教师评价，学生互评，分组讨论，全班交流，共同总结森林火灾扑救的经验、教训。

(四)操作内容与方法

1. 森林火灾应急预案的编制

(1)现场调查研究

对实训林场进行实地勘察：了解民情、山情、社情、火情，收集有关部门和单位的意见；了解所在县域的自然地理条件、森林资源的分布；掌握县人民政府森林防火指挥部的机构设置及森林防火力量的布局情况；调查县域内森林防火设施布局等。

同时，要学习领会森林防火相关法律、法规，如《中华人民共和国森林法》《森林防火条例》《国务院办公厅关于进一步加强森林防火工作的通知》《国家突发公共事件总体应急预案》和《国家处置重、特大森林火灾应急预案》等；了解当地政府对各类公共事件应急处理的制度、机制、资金投入方式以及互助协议等。

(2)森林防火、灭火资源分析

应分析所属区域的专(兼)职护林员队伍、群众扑救队伍、专业扑救队伍、武警森林部队等火灾扑救队伍的布局、扑火队员的数量、年龄结构；分析消防装备如扑救设备、通讯设备和后勤必需品供应等；以及以往的扑救能力如扑火经验和培训情况等。根据扑救能力做出扑救资源的整合和统一安排。

(3)预案的编制

预案编制要努力做到内容具体、详细，对每个具体行动的目的、范围和运作程序应有具体的说明，包括该做什么、由谁去做、什么时间做和什么地点做等，努力使火灾预警、扑救等应急行动程序化和标准化，使预案具有较强的科学性和合理性，突出针对性和可操作性，简单易懂，避免误解。预案可采用文字叙述、流程图表或通过两者的组合来表达。森林火灾应急预案的内容应当包括：

①总则，包括目的、工作原则、编制依据、适用范围等。

②应急组织指挥机构及其职责。

③森林火灾的预警、监测、信息报告和处理。

④森林火灾的应急响应机制。各扑火队的任务，按就近组织扑救的原则，为扑火队划分主防区、协防区，为每个林区落实扑火力量(指定第一梯队、第二梯队、第三梯队)；规定火灾报告程序、指挥程序和扑火原则等。

⑤资金、物资和技术等保障措施。例如，要落实扑火工具、车辆和燃油；落实包括扑火人员食、宿、救护、交通指挥等后勤保障；落实火灾现场通讯联络方式；落实扑火指挥员及宣传动员组、火情侦察组、通讯联络组、后勤保障组的组成人员等。

⑥灾后处置。

⑦附件或说明。

(4)预案的修改和审议

应急预案要及时修订，不断充实、完善和提高。修改和审议环节可以安排在扑救演练结束之后进行。由教师组织同学针对森林火灾扑救演练的过程和成效进行总结，对森林火灾应急预案进行重新评估和修订。对预案的评议，可采取课堂讨论、课堂发言等方式进行。

2. 森林火场扑救的桌面演练

根据森林火灾扑救预案，结合实验林场条件预设一个森林火灾场景，以小组为单位进一步细化森林火灾扑救方案，并进行研讨。

预设森林火灾发展的不同情况，进行灭火路线、战术、方法、机具、自救措施以及参与演练人员具体工作等方面的设计，提出相应的对策，详细罗列并说明(表Ⅱ-6-2)。

小组内要有明确分工，扑救过程中涉及的各项工作任务都应落实到具体的人，还要将演练进程的时间进行细化，每项任务都对应具体的时间。之后，在小组内讨论各自的职责，针对设计的森林火灾场景做出相应的选择或反应。小组内可以采用互问互答的方式进行演练，并研讨最佳方案。

要注意做到设定的应急措施比较完备、合理，应急步骤及处置措施具体细化，具有较强的实用性和可操作性。教师应对各小组的讨论做出及时评定，针对存在的问题和不足，进行修改、补充和完善。

表Ⅱ-6-2　不同条件下的林火扑救对策

编号	森林火场条件的变化	主要对策
1	森林火灾扑救的完整步骤	
2	逆风形成	
3	风力加大	
4	风停止	
5	火焰高度增大	
6	火烧过控制线	
7	火蔓延至灌木林	
⋮	……	

3. 火烧区的安全准备

①火烧区内应地势平坦、视野开阔，靠近道路。

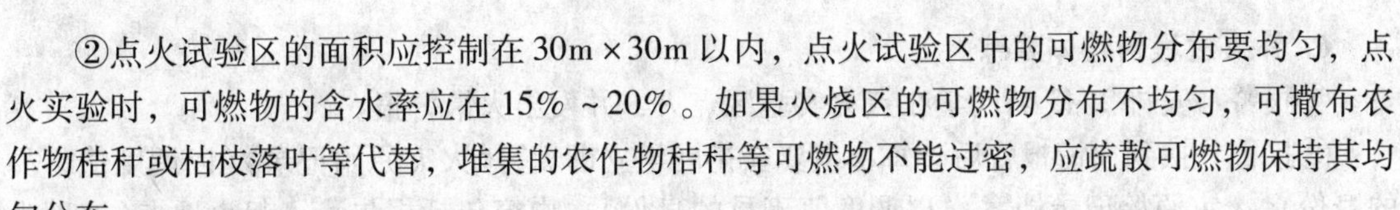

②点火试验区的面积应控制在 30m × 30m 以内，点火试验区中的可燃物分布要均匀，点火实验时，可燃物的含水率应在 15% ~20%。如果火烧区的可燃物分布不均匀，可撒布农作物秸秆或枯枝落叶等代替，堆集的农作物秸秆等可燃物不能过密，应疏散可燃物保持其均匀分布。

③在点火试验区周围开设防火控制线，控制线宽度在 5m 以上。

④点火试验应选择在稳定的天气状况下进行。用火当天的风速应保持在 3 级风以内，最大不超过 4 级；相对湿度应在 40% ~60%；气温应较低。

⑤学生分组使用镰刀、锄头、耙子等工具清理火烧区的控制线。

4. 扑火准备

①以小组为单位，每次 3 人，练习穿戴扑火队员个人防护装备，包括阻燃服装、防火鞋、消防头盔、防火手套。要熟练、迅速、正确地穿戴。每人练习 2 ~3 次。

②检查、调试各种灭火机具，准备风力灭火的燃油，学会风力灭火机使用的汽油和机油的混合方法。

③以小组为单位，学习队伍快速集结的方式，做好应急战斗的一切准备。接到火情报告，小组队员集结、防护服装穿戴、灭火机具携带等先后完成，并且在 10 min 内以队列方式出发。

5. 灭火战术、火场清理、火场安全自救方法练习

(1) 扑火方法的选择

①扑火机具的检查　对二号工具完备情况检查；灭火水枪的装水及检查；风力灭火机的装油和性能检查。

②扑火机具的配合　多台风力灭火机灭火操作的配合：可分别进行两机组合或三机组合演习，第一台吹火焰上部，机手距离火烟最远；第二台吹火焰中部，机手距离火焰较近；第三台吹火焰底部，机手距离火焰最近。先将枯枝落叶平铺在远离树林安全空旷的平坦地，目测风向后逆风点火，控制火焰高度在 1.5m 以下，当火蔓延 2min 后，风力灭火机手从火翼两侧靠近火头，做安全扑火演练。同时，注意二号工具、灭火水枪、风力灭火机等多种灭火机具的配合使用。

(2) 扑火战术的应用

采取分兵合围的灭火战术进行灭火，即采取“阻、打、清”相结合封闭火场，将火场的火线切断，分段扑打，各段最后要相互衔接。各小组对以下 4 种灭火战术均要进行模拟演练。

①一点两面式　实训同学从多点进入，兵分两路，背向扑打，直至合围。

②接力式　以 2 ~3 人为一个单元，同方向，短距离，交替超越接力方式向前扑打，合围火场。

③四面包围式　快速多点进入火场，全线展开，快速扑打。

④穿越火场两面夹击式　从两翼开始两侧夹击火头，或从一侧突破，横穿火场，两侧夹击。

此外，每位学生均要练习用土埋、风力灭火机来清理火场；练习“卧倒避火”、“顶风穿越火线”2 种自救方法。

6. 扑火过程的整体演练

①报警　安排 2 ~ 3 名同学在点火实验区点火，并发出火情警报。

②接警　接到火情报告后，每小组要安排同学立即填写《火灾原始记录》(以调度值班员的身份)《火灾原始记录档案》(以调度值班员的身份)，内容包括报告人、起火地点(地理坐标)、起火时间、起火原因、火场天气、火场发展趋势、存在的问题与困难等，并立即报告指导教师(以值班主任身份)。同时，标绘火场位置图。该程序要在 5min 内完成。

③队伍集结、赶赴火场　以实训小组为单位，整队集结。要求完成扑火准备的各项工作。以 2 个小组(1 个小组为 1 个扑火小分队)为单元，携带灭火工具分 2 批先后跑步赶到起火地点。该程序要在 10min 内完成。

④到达起火现场，实施灭火行动　第一批消防演练的同学(共 2 个小组)手拿二号工具、灭火水枪、风力灭火机快速赶到起火现场，演示消防机具配合使用灭火的技巧；根据小组长的口令，运用不同的灭火战术，直至把火扑灭。扑火演习结束后，演习小组成员及时对场地进行清理。第二批消防演练的同学重复上述步骤。该程序要在 30min 内完成。

⑤整理火场原始记录并存档　《火灾原始记录档案》内容包括报告人、起火地点(地理坐标)、起火时间、起火原因、火场天气、火场态势、发展趋势、火场兵力、投入装备、火场负责人姓名及职务、地段及责任区负责人、损失情况、扑救措施、存在的问题、困难等。学习记录 5 种森林火场公文报表(表Ⅱ-6-3 ~ 表Ⅱ-6-7)。

⑥总结评价　教师集结队伍，进行讲评。

⑦需要特别注意的事项　指导教师应关注火势变化，在火势较大的情况下用备用的灭火水枪灭火。

表Ⅱ-6-3　×××火场扑火前指组织机构

前指职务	姓名	工作单位	职务	职责
总指挥				
副总指挥				
总调度长				
领导成员				
扑救组				
兵力动员组				
航空调度组				
通讯调度组				
后勤保障组				
火案调查组				
宣传报道组				
医疗救护组				
综合材料组				

表Ⅱ-6-4　火场报文样式

前指电报

（编号：　　　）

发报时间：　　　　　　　　　　　　　　　　　　　　签发：

××扑火前指

年　月　日　时　分

主送：　　　　　　　　　　　　　　　　　　　　　　报务员：

表Ⅱ-6-5　火情动态报告

（编号：　　　）

××前指　　年　月　日　时　分　　　　　　　　　　签发：

一、火场天气情况 二、火场态势 三、兵力布署情况 四、扑救方案及工作安排	

报送：　　　　　　　　　　　　　　　　　　　　　　拟稿人：

表Ⅱ-6-6　火场兵力分布一览表

火场名称：　　　　　　　　　　　　　　　　　　　　统计时间：

位　置	地理坐标		负责人	合计	森警	专业队	群众	其他	备注
火线(火点)编号	东经	北纬							

制表人：　　　　　　　　　　　　　　　　　　　　　　审核：

表Ⅱ-6-7 ××火场动态示意图

（编号：　　　）

绘制时间：　　　　制图：　　　　审核：

火场总面积(hm^2)：	火场总人数(人)：
火线总长度(m)：	其中：森警：
火线条数(条)：	专业队：
外线火点个数(个)：	其他：
内线火点个数(个)：	风力灭火机(台)：
风向：	灭火水枪(支)：
风力：	其他：

制图人：

7. 风力灭火机的维修保养

(1)本次使用后的保养

风力灭火机进行技术保养可以延长其使用寿命，提高风力灭火机的工作效率，保证安全运转。本次火场扑救完成后，学生应对风力灭火机进行维修保养，完成以下各步骤：

①清理外部灰尘、杂物及油污，清洗空滤器，清除消声器积炭。

②检查各紧固件有无松动、丢失，并配齐、拧紧。

③检查电路系统接头部件有否松动或断线，并及时修好。

④检查完毕后进行启动，能正常工作后停机待用。

⑤清理燃油箱。

⑥清理火花塞积炭，调整电极间隙至0.5mm。

⑦清除大风罩内部及缸体散热片间的灰尘和杂物。

⑧清除磁电机上的油污，检查接线盒绝缘情况。

(2)长期保养

如果一台风力灭火机运转累计时间达到500h，应进行以下环节的保养维护：

①拆卸全机(连杆曲轴除外)清洗，检查易损件的磨损情况。

②放净油箱中的混合油，更换油箱内的油管，一般情况该油管使用有效期为1年。

③将发动机与风机分离，对发动机、风机进行检修后组装。

④拆下火花塞，向缸体中注入少量(10～15g)机油并转动3～4转，最后使火花塞置于止点，装上火花塞。

⑤将机器各部分用汽油清洗后，涂以薄层防锈油脂，将机器包装密封，至于干燥通风处。

8. 实训工作的注意事项

①本实训项目应在确保安全、杜绝跑火的情况下进行。要求教师在实训前要做周密的计划和准备，考虑到可能出现的各种情况，尽量避免疏漏。

②本实训项目宜选择在当地森林防火期以外的时间进行。如果在防火期内进行，应按照《森林防火条例》的规定，向林业主管部门办理用火许可证。

③为了确保安全，应根据当地的自然气候条件和森林火灾特点，选择实际森林火场进行点烧实验；如果田间不具备，可以在实验区选择开阔地带，以足量的农作物秸秆作为燃烧物，点燃后用于学生扑火演练。

④根据各院校实训设备条件，可以选择未列出的扑火机具对学生进行操作训练。

⑤实训指导教师要事先制定《森林火灾扑救演练事故预防与处理办法》，以防止演练实战中出现森林火灾超过自行控制能力等意外情况。

(五)技能考核标准

以小组为单位，教师按下列标准对学生进行考核。

1. 技术知识的书面考核(占总分的20%)

采用现场口试或闭卷笔试的方式进行。试卷内容包括本项目各环节的相关知识、森林火灾扑救预案、森林火灾扑救规程和有关森林防火扑救的法律法规与制度等内容。

2. 扑火准备环节(占总分的10%)

接到火情，以小组为单位，在10min内队伍出发。应完成森林防火服穿戴，灭火机具的背负，灭火机具的安装和备料的准备等内容。

3. 扑火机具的使用技能考核(占总分的20%)

(1)二号工具、灭火水枪的考核采取单人操作，以小组为单位同时进行；现场进行灭火操作，要做到方法正确、动作规范、使用安全。考核时间：3min/人。

(2)风力灭火机的考核，以小组为单位同时进行。风力灭火机操作方法正确、动作规范、使用安全，并做到起动、调怠速、调高速、关机顺序正确，动作规范，1～2次操作即能起动。考核时间：3～5min/人。

4. 灭火战术与火场清理方法运用的考核(占总分的15%)

以小组为单位进行现场考核；教师给出指令，小组内各成员能准确按教师指示口令做出扑火战术和清理办法的正确选择，不同灭火机具配合使用默契。每小组8min内完成。

5. 火场安全自救技能的考核(占总分的5%)

采取单人操作，以小组为单位同时进行；现场进行灭火操作，要做到方法正确、动作规范、使用安全。每人3min，完成2个自选的火场自救动作。

6. 风力灭火机的维修(占总分的10%)

独立完成本实训所列各步骤的保养工序。

7. 森林火灾应急预案编制质量(占总分的20%)

预案编制体例正确，内容符合实际，可操作性强，语句通顺，无错别字，篇幅适当。

实训 7　乡镇及林场森林防火规划的编制(选做项目)

一、任务描述

1. 森林防火规划编制的目的、原则及程序

森林防火规划是林业规划的重要组成部分，也可以单独实施。森林防火规划一般以林业局、林场或经营区为单位，也可以省、市、县或乡(镇)为编制基本单位。

编制森林防火规划的目的。在理清当地森林火灾发生发展基本规律的情况下，综合设计有针对性的森林防火措施；在追求投资效益最大化的前提下，促使森林防火工程设施和防火措施能够持续长期地发挥作用。

编制森林防火规划应当遵循因地制宜、突出重点、立足现实、着眼长远、科学经济效果最佳的原则。

要使森林防火规划有针对性，必须深入开展调查研究，摸清发生森林火灾的规律。为此应做到“六清”：①摸清该地区每年森林火灾发生的次数；②弄清每年森林火灾的过火面积；③摸清每年平均每次森林火灾面积；④摸清森林火灾造成的损失；⑤摸清森林火灾发生原因及其规律；⑥摸清已有森林火灾设施的功效。只有掌握和摸清上述 6 个方面的情况，才有可能制定出符合实际的森林防火规划。在设计防火设施和措施计划时，要做到尊重科学、遵循规律、因害设防、因地制宜，注意发挥自然力(如悬崖、绝壁、交通网络，难燃树种等)在防火中的作用，突出规划的科学性、适用性，促进当地森林防火工作的规范化、制度化、现代化建设。

森林防火规划编制过程由前期准备、草案编制、征求意见和提交成果 4 个阶段构成。森林防火规划编制完成以后，还要提交同级人民政府，履行森林防火规划的审批程序，经本级人民政府批准后组织实施。乡(镇)根据上级人民政府森林防火规划，编制本辖区的森林防火规划，经本级人民政府批准后组织实施。

2. 森林防火规划的评估

一个森林防火规划质量的高低，受多方面因素的影响，其中主要的因素是：第一，森林防火规划实施后，能否提高该林区的林火控制能力，明显降低森林火灾发生的危险性；第二，森林防火规划的实施，是否可以取得明显的经济、生态与社会效益。因此，对森林防火规划进行科学评估，十分必要。

对林火控制能力的评估，一是看森林防火规划实施后森林火灾次数和面积是否有明显下降，其综合指标是平均每次森林火灾的过火面积，它可以综合反映火灾次数、火灾面积和林火控制能力的多少和大小；二是看森林防火规划设计实施后，林火预报、林火探测、林火控制、林火阻隔和林火扑救方面的能力提高多少。对经济、生态与社会效益的评估，一方面主要通过实施森林防火规划前后，森林火灾损失的下降情况来计算和分析其经济效益；另一方面，可以从规划建设的森林防火工程的投资效益加以评估。一些地区将森林防火规划的评估用以下指标加以反映：

防火宣传教育普及率大于95%；林火预报应用率达到100%；

林火巡护监测覆盖率大于90%；林火通讯网覆盖率达到95%；

火情报警传递时间不超过5min；阻火隔离网密度达65m/hm^2；

扑火队伍到达现场时间在Ⅰ级火险区不超过30min，Ⅱ级火险区不超过40min，Ⅲ级火险区不超过50min；

看守火场时间不少于48h；森林火情报警次数最多不超过5次/年；

年平均最大过火面积小于0.4hm^2/次；森林植被燃烧率小于0.1‰；森林火案查处率达100%。

3. 不同特点林区森林防火规划的重点

(1)分散集体林区

主要分布在我国南方各省，小面积森林与农田分割，大多数为人工针叶林和少量阔叶林，并多为集体和个体所有，国有林不多。这些林区，人烟比较稠密，交通也比较方便，森林经营集约度较高，多为用材林、经济林、果树林及竹林。这类林区火源多，大多数为农业用火不慎引起的森林火灾；发生火灾的次数也较多，但燃烧林地面积不大。这主要是因为交通方便，人烟多，能够及时发现及时扑灭。因此这类林区的森林防火规划，应以群众防火为主，然后再适当采用一些营林防火和生物防火措施。

(2)远山深山飞播林区

这类林区在我国南、北方和西部均有分布，一般分布在远山和深山，人烟比较稀少，交通也不发达，除有少数森林外，多为大面积荒山荒坡，适宜于飞播造林。这类地区火灾次数比较少，但过火面积较大。由于人烟少，交通不便，对林火控制能力薄弱，往往容易形成大面积森林火灾。在这些地区，如有可能，可在飞播以前对林地进行计划火烧，这样不但有利于飞播种子直接接触土壤，能提高林木种子发芽率，并且有利于幼苗生长发育。在飞播林区，应加强生物防火，如营造防火阔叶林带，以提高阻火效果，在有条件的地区，也可以营造一些耐火经济林和果树林，以提高经济收入。此外，还应加强幼林抚育，加速林木生长，在幼林分布区，应有计划有步骤地建立森林防火工程，以提高对林火的迅速控制能力。

(3)大面积人工针叶林区

这类林区在我国南、北方均有分布，而且大都为速生丰产林基地，如我国南方的杉木林和马尾松林，北方的油松、落叶松、樟子松和红松林。这些地区人烟稠密，交通比较方便，森林经营强度大，有的地区为农林混种，森林火灾次数多，过火面积也不小，为各地森林防火重点区，应迅速提高其对林火的控制能力。对这类林区应开展全面森林防火规划，设置必要的森林防火工程，并提高对林火预测预报、林火探测、通讯、林火阻隔和对林火的扑救能力，确保森林火灾损失下降到最小限度。此外，还应加强群众防火，加强火源管理，推广承包责任制；加强营林、生物防火基础工作，确保这类林区防火安全。

(4)浅山次生林区

在我国南部、北部、西部和西南地区都有分布，这类林区人烟比较稠密，交通比较发达，多为农林交错区，森林多为次生阔叶林，林相残破而不整齐，生产力很低，甚至有些属于低价值林分。这类森林多数是在封山育林后生长起来的。这类林区火源多，情况复杂，发生火灾次数多，但过火面积一般不大，只有在干旱年代才可能发生大面积森林火灾。对于这类森林，应划分为2类：一类是集体林和个体林，应加强群众防火，开展林火管理，有效控

制火源，以减少林火发生次数。此外，应加强营林防火和生物防火，如进行补播补植，以提高林分质量。对低价值林分进行改造，以提高林分的抗火性，不断改善森林环境，从而提高林分质量，增强林分耐火能力。另一类是国有林。对这类林区除了加强群众防火、营林防火和生物防火外，还应增设一些防火工程，以提高对林火的控制能力。

(5)偏远次生林区

这类林区主要分布在我国东北内蒙古林区，这是原始林反复遭受森林火灾的结果。多为次生阔叶林或灌木丛等。这类林区人烟稀少，交通不便，发生林火不能及时发现，更不能得到及时扑救，经常酿成大面积森林火灾。因此，对这类林区应采用空中防火网络化方式，力争及时发现火情，做到“打早、打小、打了”，使火灾损失迅速下降。此外，对这类林区，如有条件可以以火防火，如采取火烧沟塘草甸、火烧防火线等措施，同时也可采取营林和生物防火措施以提高其抗火性能。

(6)偏远原始林区

这类森林主要分布在我国西南、东北、内蒙古及新疆等边远地区。这些地区分布有大面积原始针叶林，但这里人烟稀少，交通极为不便，有些还处于尚未开发的林区，甚至个别地区几百里无人烟，大多数为国有林，有的地区散居少数民族，火源数量少，局部林区尚有雷电火。由于森林防火能力薄弱，有时发生特大森林火灾。对于这类林区应加强地空防火网的建设，引进一些先进防火、灭火设施。此外，还应加强以火防火、营林防火、生物防火，以提高对林火的控制能力。

二、综合实训设计与指导

(一)实训目标

通过编制林场(或乡镇)森林防火规划，使学生初步学会编制防火规划的内容和步骤，掌握森林火源分布图、森林火险区划图、森林防火规划图的绘制方法，提高综合运用森林防火措施的能力，为今后在林场或乡镇从事的森林防火工作提供帮助。

通过森林防火规划的编制，学生应达到以下具体要求：

①利用教师给定林区的历史火灾发生档案、该林区自然地理、社会经济条件等资料，学会通过网络、图书馆进一步收集相关资料的能力。

②学会进行规划区自然、经济、社会条件和森林火灾规律分析的方法；通过分析给定林区的自然地理、社会经济条件、历史火灾发生、森林火源分布以及森林防火工作现状等资料，能够因地制宜地提出相应的防火对策。

③学会编制森林防火规划文本和规划说明书，能够利用有关绘图软件，绘制森林火源分布图、森林火险区划图、森林防火设施规划图。每个人提交一套完整的森林防火规划。

④能够依据现状，经过小组讨论，每组制定一份针对当前的林场(林区)森林防火工作方案。

(二)实训场所与器材

在实训期间，选择一处山区林场(森林公园也可)作为规划对象。

每组1套仪器和资料，包括实验林场的自然地理、森林资源资料和历史火灾统计资料，

实验林场的地形图、遥感图、林相图，风向风速仪、温湿度计、高倍望远镜、罗盘仪、标杆、地形图、直尺、量角器、对讲机、照相机(或摄像机)。

自制的森林火险尺，每人 1 个。

(三)实训组织与流程

1. 时间安排

本项目实训时间应安排 5 天，主要包括 5 个环节。各实训环节的内容及时间分配见表Ⅱ-7-1。

表Ⅱ-7-1　实训内容与时间安排

编号	实训内容	课时数	备　注
1	实验区环境踏查；相关材料、资料的熟悉与分析，包括学习职业道德规范，森林法，森林防火方面的法规、标准和政策等内容	2	
2	调查资料的整理、统计、分析	4	
3	森林火源分布图、森林火险分布图的绘制	8	平面图
4	森林防火规划文本与说明书的撰写	10	
5	制定林场(林区)制定森林火灾年度工作方案 进行课堂交流	4	
合　计		28	

2. 实训工作流程

采用项目任务实训模式。在教师指导下，学生可分组搜集相关资料，野外实地调查，分析林场的森林资源情况、社会情况及森林火灾资料，讨论出规划的基本思路，经教师指导审核后，开始规划工作。小组人员可分工负责各项内容，最后由组长汇总，教师批阅报告，给出考核成绩。

实训组织工作的流程如图Ⅱ-7-1。

(四)操作内容与方法

1. 资料收集

通过实训所在林场的档案室及当地气象站、林业站、林业局等单位广泛收集规划资料。收集的资料性质主要有 3 种，包括数字资料，如各类报表和数据；文字资料，如各种调查研究有关防火方面的报告，各种文件规定及规章制度等；图片资料，如地形图、行政区划图、林相图、航片以及宇航照片等各种图片资料，以供规划设计时使用。对收集到的资料应及时加以整理、分析，也可通过设计表格加以反映。

应收集的资料包括以下几方面：

①自然状况　主要收集与防火关系密切的有利和不利因素，如山脉、地形地貌、土壤、地质情况、气候条件、河流及库塘湖泊的分布情况等。其中气象资料主要包括年平均气温、相对湿度、降水量、风速、风向等。

②规划区内外的社会经济状况　应对工业、农业、副业、商业生产情况加以调查，具体包括人口密度、劳力状况、居民点分布、工矿企业分布、通讯条件、工农业生产概况以及周

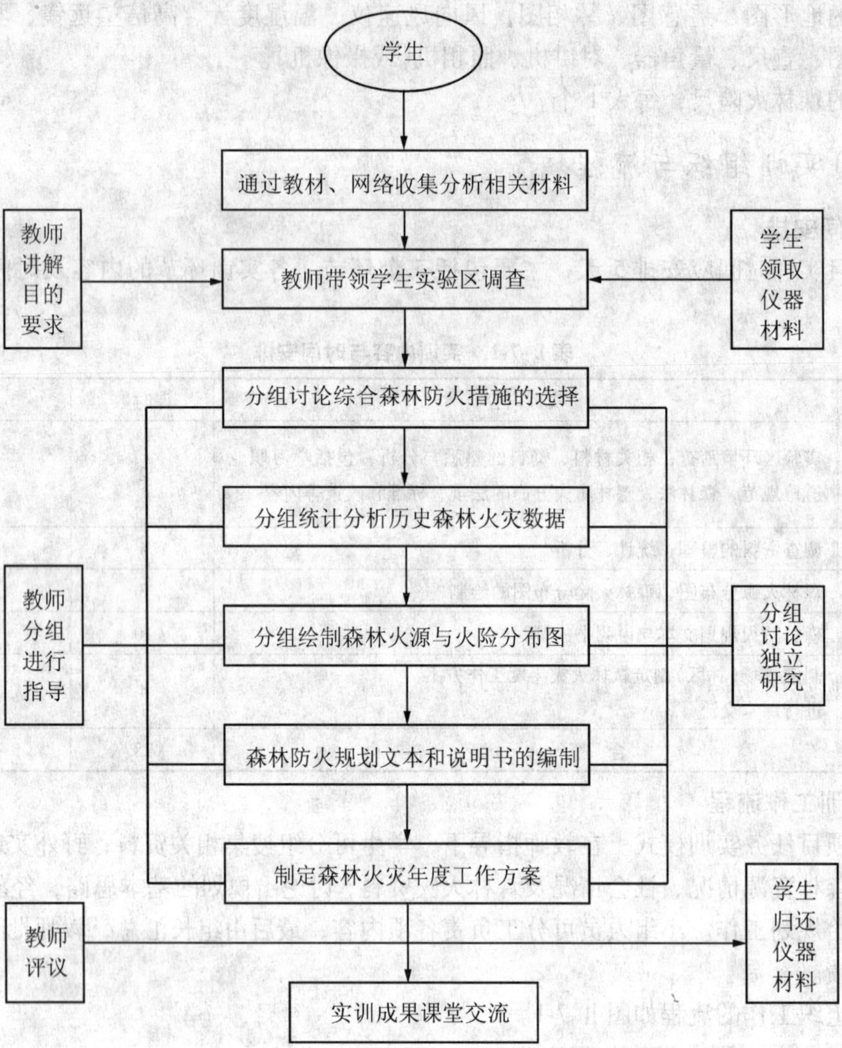

图Ⅱ-7-1 森林防火规划训练工作流程图

围第三产业状况，特别是景区农林交错情况、进入实验区的人流量和经济收入情况等。

③交通情况 包括公路、铁路及其他道路以及道路网的构成。

④林地状况 包括森林类型、分布、组成树种、植被结构、森林防护效能及利用状况等。有林地面积统计包括现有林、疏林地、未成林造林地、灌木林地，对针叶林、阔叶林、天然林、人工林等的蓄积量、年木材产量以及营林任务等也应掌握。

⑤森林火灾资料 着重收集近 10 年防火组织机构，近 10 年规划区内外年森林火灾次数、年过火面积、森林火灾损失情况，火源种类、火源的时空分布特点，历史森林火灾发生的时间和空间分布特点，扑火队伍数量与分布，防火设施现状，以往采取的防火扑火措施，经验教训等。

⑥其他针对性的调查 如对旅游区应调查有无旅游景点的分布，包括区内所有自然景观、文物古迹的分布状况、旅游线路等。

⑦有关图表资料 如地形图(1∶5 000 或 1∶10 000)、林相图、现状(规划)图等。

⑧相关的政策、法规及规划　包括国家、本地区和县级以上人民政府有关林业、生态、消防等方面的政策、法律、法规、制度以及相关的规划，并进行归纳研究。

2. 野外调查

(1)野外调查路线选择

在实训区先设定纵向、横向、纵横交错的多条路线，从各条路线的一个观测点开始，由观测点连成调查路线，再由观测点和调查路线结成调查网络，最后延展为调查面，从而形成对规划区域森林防火相关信息的认识和掌握。

野外调查路线的密度、顺序的选择十分重要，路线和观察点的选择要围绕调查目的来确定，一般应充分考虑到区域可燃物类型的调查，地形地貌的分析，村镇、居民点的布局以及管理现状的调查。路线的布置一般有2种方法：

①穿越法　穿越法也称为横向布置法。所选择路线要垂直于区域构造线方向或地物延伸方向。沿着这样的路线进行野外调查，可以在较短的距离内，用较少的时间，比较完整地观测地形地貌、典型岭谷形态、植被类型分布、现有防火设施布局等。观测路线还应尽可能通过制高点或者低点，或沿山脊线进行，以便俯瞰瞭望，掌握全区的大势。

②追索法　追索法也称为纵向布置法，该法是地理学调查的常用方法。一般沿着客观实体的延伸方向，布置观察路线。这种方法多适用于追索山势走向、山岭谷地纵向变化及起伏，同一种植物类型的延续与间断特征和规律，确定分布界限和范围。用于可燃物类型的划分和地形的把握。

选择路线时，要根据规划区的具体情况，尽量选择交通条件便利的路线。

观测路线的密度，一般取决于该区的地形状况、植被分布、土壤分布、地质构造的复杂程度、野外调查工作所要求的详细程度。本实训要求观测视域应覆盖整个规划区。

(2)野外调查内容

①调查规划区域的植物类型及其分布，进而对区域可燃物类型进行划分，勾绘可燃物类分的分布图。

②掌握区域道路、居民点布局。

③观测已有森林防火设施的分布、数量，以及分析其效益发挥情况，绘制已有森林防火设施图。

④通过野外观测，对规划的森林防火设施、森林防火措施进行初步的安排和布局。对可能的森林防火建设项目布局，如瞭望台、护林点、防火线的建设，应进行实地的观察和分析，并作出不同方案的对比。

⑤对档案资料不足的内容进行补充调查。

(3)野外记录

野外记录是森林防火调查规范最基本的要求，是进行室内研究森林防火规划的基础和依据，也是野外工作的重要成果。其基本要求是：

①内容要力求全面、详细、客观、重点突出；对规划内容在现场进行分析探讨，可另页记载，并与实际观测表格分开。

②整齐、清晰、文字通顺；每次野外调查之后，对当天观察到的内容形成某些认识，要及时记录并加以总结。

③图文并载。绘制图件，一般在记录本的左面或左页作图，右面或右页作文字记录。绘

制的草图要标明方向方位、比例尺度、地理位置。对可燃物类型的划分，可以采用勾绘的方法在地形图上直接进行。需要摄影、摄像的要及时进行拍摄。

④记录本不得缺页，页码要连续；原始记录不覆盖，对已记录却又认为不妥的，标准拟定的记号，应该重记。

调查表格见表Ⅱ-7-2、表Ⅱ-7-3、表Ⅱ-7-4。

表Ⅱ-7-2 森林防火自然社会情况调查表

规划地区名称：

<table>
<tr><td>项目</td><td colspan="4">调查内容</td></tr>
<tr><td rowspan="4">资源情况</td><td>总面积 hm^2</td><td>土地面积 hm^2</td><td colspan="2">森林覆盖率(含灌木林) %</td></tr>
<tr><td rowspan="2">有林地面积 hm^2
(含疏林、灌木林地)</td><td>阔叶林 hm^2</td><td>天然林 hm^2</td><td rowspan="2">活立木总蓄积 m^3</td></tr>
<tr><td>针叶林 hm^2</td><td>人工林 hm^2</td></tr>
<tr><td colspan="4">主要组成树种</td></tr>
<tr><td rowspan="3">气候情况(近10年)</td><td>年平均气温 ℃</td><td>冬季平均气温 ℃</td><td colspan="2">春季平均气温 ℃</td></tr>
<tr><td>年均降水量 mm</td><td>冬季： mm</td><td colspan="2">春季： mm</td></tr>
<tr><td>年大风天数 天</td><td>冬季： 天</td><td colspan="2">春季： 天</td></tr>
<tr><td rowspan="5">社会经济情况</td><td>景区职工人数 人</td><td>其中：管理人员 人</td><td>护林员 人</td><td>其他 人</td></tr>
<tr><td>景区(点)数量 个</td><td colspan="3">名称：</td></tr>
<tr><td>四邻乡村数量 个</td><td colspan="3">农业人口： 人</td></tr>
<tr><td>年客流量 人/年</td><td colspan="3">年经济收入： 元</td></tr>
<tr><td colspan="4">路网密度 m/hm^2</td></tr>
<tr><td>备注</td><td colspan="4"></td></tr>
</table>

调查者：　　　　　　　　　　　　　　　　　　　　　　调查日期：　　年　　月　　日

表Ⅱ-7-3 森林火灾调查统计表

规划地区名称：

年份	起火时间	起火地点	火灾种类	火灾原因	过火面积(hm^2)	受害森林面积(hm^2)	烧毁林木株数(株)	投入扑火人员(人)	扑救投入(万元)	人员伤亡情况	直接经济损失	其他损失
总计												

调查者：　　　　　　　　　　　　　　　　　　　　　　　　　　审核者：

表Ⅱ-7-4　森林防火基础设施、队伍现状统计表

规划地区名称：

项目	设备设施		单位	数量	标准、规格等
组织指挥系统	防火值班室		m^2		
	防火办公室		m^2		
	超短波基地台		部		
	超短波车载台		部		
	对讲机		部		
	传真机		台		
	计算机		台		
火源管理系统	入山检查站		座		
	巡护人员		人		
	入山宣传牌		块		
	线杆标牌		块		
	林缘标牌		块		
林火监测系统	瞭望台(亭)		座		
	高倍望远镜		台		
	罗盘仪		台		
预测预报系统	气象站		座		
	移动气象监测设备		套		
阻火隔离系统	防火林带	干　线	m		
		支　线	m		
扑火装备系统	灭火蓄水池		座		
	物资储备库		座		
	消防指挥车		台		
	扑火运输车		台		
	风力灭火机		台		
	油　锯		台		
	灭火水桶(枪)		只		
	二、三号工具		支		
	扑火服装		套		
	扑火队伍		人		

统计人：　　　　　　　　　　　　　　　　　　　　统计日期：　　年　　月　　日

3. 分析研究，确定规划思路

根据调查情况和收集的资料，应对规划内容进行相应的分析和研究，内容包括：

①历年森林火灾的危害及损失程度。对规划区的历史森林火灾情况进行全面调查分析，研究规划区森林火灾的发展规律，综合分析和评价各种制约因素及有效控制森林火灾的机遇。分析和评价以往森林火灾发生的时间、地点、植被情况、气候条件、地形条件、监测条

件、通讯条件、交通条件和扑火能力情况下所产生的危害，评估未来森林火灾的潜在影响。

②分析规划地区内外的自然生态环境、森林资源条件和经济社会状况，分析其对规划项目的影响；重点研究规划区域可燃物的主要类型，不同可燃物类型的燃烧性及分布状况，分析与评价森林火灾的危险性。

③已有的防火设施及其功能和作用。包括可利用的天然防火隔离带(河流、悬崖、石壁等)、人工防火隔离带(公路、铁路、库渠塘堰、农田等)、防火设施(瞭望台、检查站、防火道、通讯设施及灭火机具等)以及扑火队伍的组建情况。

④以往的群众防火经验，预测所制定的森林防火方案可能达到的效果。

⑤实验区存在的森林火灾隐患和其他问题。

4. 森林防火措施与建设项目的综合布局

综合森林防火措施的布局应在资料收集、调查研究、火险区划的基础上进行。应着眼于各防火措施和防火工程整体功能的发挥，使各类防火系统和措施相互补充、协同使用，避免自成体系、互不关联，以形成综合森林防火的体系。主要规划包括以下内容：

(1)组织指挥系统建设规划

①组织指挥网络　建立健全护林防火机构，根据实际需要配备工作人员，并合理分工，落实责任制。除了风景区管理处(站、所等)要设立以主要领导为指挥长的护林防火指挥部，设立护林防火办公室，配备2名以上工作人员外，各景区、景点也必须建立森林消防安全小组，落实森林防火第一责任人，使整个旅游区上下有人抓，层层有人管。

②信息传输网络　建立完善、有效的林火信息传输网络，能为防火指挥员提供最新、快捷、准确的林火信息，便于指挥员对林火情况、火场情况作出正确的判断，以利于及时消除各种火灾和火警隐患。因此，各景区要尽快建立有线通讯线路，购置传真机及超短波电台、对讲机等无线通讯设备，逐步建立森林防火计算机辅助管理系统。

③建立健全各项责任制度，建立护林防火联防组织　责任制度包括：森林防火目标管理制度、防火指挥部职责、防火办岗位职责、主要领导防火职责、护林员职责、瞭望员职责、值班制度、防火设施设备管理制度、消防队伍管理制度、森林火灾扑救预案、扑火指挥员职责等。各景区可与周围乡村、驻军和厂矿企业等单位建立起形式多样的护林防火联防组织，明确责任，轮流值班，定期召开联防会议，发挥联防组织的协调、指导、监督等职能作用。

(2)火源管理系统建设规划

①火源管理区的设计　火源管理区是进行火源管理的基本单位，也可以作为森林防火、灭火的管理单位。火源管理区的划分应根据居民分布、人口密度、人类活动等特点进行，主要考虑4方面问题：a. 火源种类和火源数量；b. 交通状况、地形复杂程度；c. 村屯、居民点分布特点；d. 可燃物的类型及其燃烧性。

火源管理区一般分为3类，其划分标准为：

一类区：火源种类复杂，火源的数量和出现的次数超过该地区火源数量的平均数；交通不发达，地形复杂，易燃森林所占比例大；村屯、居民点分散，数量多，火源难以管理。

二类区：火源种类较多，其数量为该地区平均水平，交通条件一般，地形不够复杂；村屯、居民点比较集中，火源比较好管理。

三类区：其特点是火源种类简单，数量少，低于该地区平均水平，交通比较发达，地形不复杂；森林燃烧性低，村屯、居民点集中，火源容易管理。

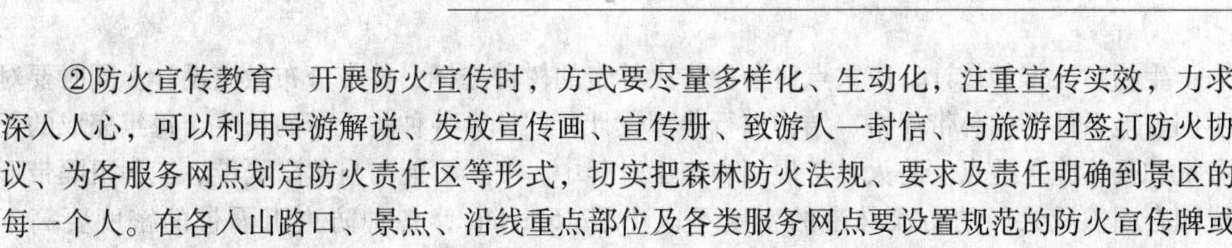

②防火宣传教育　开展防火宣传时，方式要尽量多样化、生动化，注重宣传实效，力求深入人心，可以利用导游解说、发放宣传画、宣传册、致游人一封信、与旅游团签订防火协议、为各服务网点划定防火责任区等形式，切实把森林防火法规、要求及责任明确到景区的每一个人。在各入山路口、景点、沿线重点部位及各类服务网点要设置规范的防火宣传牌或防火标志，门票上注印森林防火要求事项，使游人一进入景区就能受到防火警示和防火教育，在思想上建起一道"防火线"，促使其履行防火和安全用火的责任和义务。

③火源管理制度和设施建设　火源是火灾的主导因素，火源管理是预防森林火灾发生的关键环节。因此，各景区要针对火源的种类及分布特点尽快完善和落实入山检查、用火审批、巡山护林等规章制度，明确责、权、利，严格奖惩，切实加强游人的用火管理。同时要在各入山道口建立防火检查站，严格进山登记、代存火种、出山消号，确保把火源堵在山门之外。

(3)林火监测系统建设规划

建立完善的林火监测系统能及时发现火情，准确监测起火地点，并迅速报警，为实现"打早、打小、打了"打下基础。

①瞭望台(亭)或其他探火装置　根据地形条件规划瞭望台(亭)或红外探测仪、电视探火设施的布局，要根据各瞭望设施的监测面积、合理确定新建瞭望台与其他探火装置的位置，使瞭望台和其他探火装置的监测区域能够相互交叉或衔接，避免出现盲区。瞭望台上要配置望远镜、红外探测仪、罗盘仪、对讲机等常用工具，安排专职火情瞭望监测员，及时监控火情并迅速报警。风景区瞭望台的设计，要突出既美观又实用原则，使之与景区和谐一致，充分发挥防火监测与旅游观赏的双重效益。

②地面巡护　为补充瞭望台(亭)监测火情的不足，各景区要安排专职人员，并配备必要监测设备(如摩托车、望远镜等)进行分区巡护。

③卫星监测　尽可能发挥气象部门卫星监测火情的作用，根据需要，提出在重点火险区建立卫星林火监测终端设备的规划。

④通讯网络的建设　应保证已有的电话和电台畅通无阻。对各监测点的通讯建设要与监测设施建设同步进行。新设的电话和电台所处的地点、数量和完成的年度，以及通讯网的通讯能力都要加以论证。

(4)预测预报系统建设规划

着眼于火险天气预报和高火险天气警报，规划气象观测站和多处移动观测哨的建设。应绘制已有气象台、新建气象台以及气象台站管辖范围图，并规划出完成的年度。气象观测站应配置温湿度仪、雨量筒、风速风向仪等监测设备。移动观测哨要能够为火场天气信息的监测预报服务，有利于其直接为森林火灾扑救与救灾服务。

(5)阻火隔离系统建设规划

阻火隔离系统是防止森林火灾发生、蔓延及扩展的有效手段和根本性措施。因此，规划时应充分利用已有的自然防火隔离带、工程阻隔带等有利条件，并积极建设以防火林带为主体的生物隔离设施。

①营林防火措施和生物防火带的设计　营林防火措施的设计，主要考虑规划区域易燃林分，应明确逐年完成的营林防火任务及其实施地点；提出调节易燃林分结构的措施，明确使易燃林分可燃物数量减少的方法，每年应完成的任务量、地点以及所需经费。

生物防火带的设计，应重点对各种防火林带的树种选择、林带分布做出设计。同时要对不同立地条件下的林带规格、结构进行典型设计，并计算各种防火带的长度、每年完成的任务量和具体施工地点。防火林带规划和施工过程中，要尽可能与自然阻隔带、工程阻隔带形成闭合圈。风景区的防火林带的密度不应小于 15m/hm^2，各种防火阻隔带的密度要高于 20m/ hm^2 以上。

②交通阻隔网设计　对已有交通网和新建公路长度、分布、完成年度及交通网的运输能力加以论证。在图上应标出天然防火障碍物的分布，并论述它们的阻火功能。绘制人工防火障碍物分布图，包括新建的如火烧、生物和用其他方法开设的防火阻隔带。说明完成的年度，以及设置的位置、地点和经费等。

③以火防火措施的规划　应论证哪些可燃物类型可能用火和需要用火的目的、方式方法和用火时间。提出逐年应完成的任务量、地点和所需经费。

(6) 扑救系统建设规划

①扑火队伍建设　林场或景区应分别组建起 10 ~ 20 人、20 ~ 30 人的专业或半专业森林消防队。冬春季节，消防队队员要集中食宿，加强训练，集中待命，确保一有火情即能赶赴火场。

②地面林火扑救网络　已有扑火人员驻扎点、扑火人员数量和扑火装备，新建点的人数和扑火装备、完成年度、扑火工具、仓库分布数量和经费，同时还应论证扑火能力等。

③航空护林网络　县以上区域的森林防火规划，应该根据当地情况对航空护林防火的相应措施进行适当规划。规划时，应参考航空护林部门所做的航空护林规划，明确航空护林的任务；如规划区域属于飞机定期巡护覆盖范围，应设计与航空护林措施对接的相应的设施、措施和制度，如火情接报、森林火灾指挥和扑救、扑火物资和工具运送、灭火队伍空降、航空喷水、喷液灭火、人工降水等任务。

(7) 森林防火物资储备建设规划

①物资储备库建设　为提高扑火抢险救灾的后勤保障能力和扑火效率，林区、景区均要逐步建立消防物资储备库，配置油锯、风力灭火机、灭火水枪、水袋等灭火工具和救灾物资；并根据需要，购置森林消防指挥车和运输车。

②后勤保障　包括与有关部门协调解决发生较大森林火灾时的交通运输、通讯网络、医疗救护及物资供应等方面的问题。

③火灾调查与统计　要坚持火灾月报和年报制度，不管有无火情，每月都要按时向县级护林防火办公室填报月报表，每年年底再集中汇报。对每次火灾都要深入调查起因、受害森林面积、林分起源、树龄、蓄积量或株数、折算经济损失、参加扑火人员及车辆、有无人员伤亡、主要经验等，写出报告，逐级上报。一般火灾 3 日内上报，重大火灾除动态报告外，1 周内呈送详细报告。

④火灾案件查处　林区派出所、防火办要与公安部门密切协作，在组织扑火的同时，组织专门人员调查火案，查明灾情，迅速惩处肇事者，达到依法治火、教育群众的目的。

5. 森林防火规划图件的绘制

(1) 火源分布图的绘制

①制作实训区的平面图作为火源分布图的绘制底图。利用实训区的地形图或电子地图的打印稿，在踏查的同时进行地物调绘，并绘制植被分布图。

②利用该林场(区)10 年或 20 年森林火灾资料，分别一定面积的林地为单位绘制。按照不同火源种类，计算单位面积火源平均出现次数，然后按次数多少划分不同火源出现的等级。

③在图上用不同颜色来表示火源出现的等级：一级用红色；二级用浅红色；三级用淡黄色；四用为黄色；五级用绿色。

④可以将火源分为时令性火源、常年性火源、流动性火源、重点火源，对各种火源按月份进一步划分其出现的等级，并在图上对不同火源进行详细标注，便可绘制出更详细的火源分布图。

⑤以上图为依据标注不同区域应采取的火源管理措施，以便有效管理和控制林火发生。

(2) 火险区划分布图的绘制

①制作实验区的平面图作为火险区划分布图的绘制底图　利用实验区的地形图或电子地图的打印稿，在踏查的同时进行地物调绘，并绘制植被分布图。

②火险区划因子的划分与计算　火险区划因子其依据为可燃物分布及燃烧性、居民点分布、路网密度、人为活动频度、火源分布等。在计算时，可将实验区划分成不同的小班，在小班内计算以下火险区划因子的数值。

可燃物分布及燃烧性的确定：将各小班内的优势树种，归并为难燃、可燃、易燃 3 个类型，根据资料计算各类的林木总蓄积。难燃类树种蓄积量大于或等于 55%，为难燃类；可燃类树种蓄积量大于或等于 55%，为可燃类；易燃类树种蓄积量大于或等于 55%，为易燃类；若 3 类蓄积的比例均在 55% 以下，则应确定为可燃类。我国各地主要代表树种(组)燃烧难易程度的划分依据见附录表附-9-1。

人为活动频度：主要以近 5 年内最新统计的小班内进行生产、生活活动的人口(含农业、林业、牧业人口以及游客、实习学生等)总数与该小班面积之比来确定。其单位为人/hm^2；

路网密度：主要以各小班内所有等级道路总里程数与该区域总面积之比来确定。其单位为 m/ hm^2。

居民点分布：根据实验区内居民点的分布情况，由教师事先来确定。

火源分布：根据火源分布图确定的分布等级来确定。

③确定森林火险区划等级　首先，按照《全国森林火险因子级距标准查对表》，将以上 5 个指标计算结果对应查对表，求得相应森林火险因子的得分值。其次，将不同小班的各个森林火险因子的相应得分值累加，得出代数和。第三，将此代数和，分别乘以该小班活立木总蓄积量和该小班内有林地与未成林造林地面积之和，分别得出 2 个综合得分值。最后，根据上述 2 个综合得分值，再对照全国森林火险区划等级标准查对表中的标准分值，求取其中对应高的火险等级，作为该区划范围的森林火险等级。

④森林火险区划图着色　以实验区的平面图作为底图来绘制。该底图的底色为白色，Ⅰ级火险区用浅红色，Ⅱ级火险区用浅黄色，Ⅲ级用浅绿色。火险区的周边线用黑色。

(3) 其他规划图的绘制

森林防火的现状和现状设计内容最好都要用图像表达。规划图纸应绘制在近期测绘的现状地形图或森林资源分布图上，规划图上应显示出现状和地形。图纸上应标注图名、比例尺、图例、绘制时间、规划单位名称和技术负责人签字。规划图纸所表达的内容与要求应与

规划文本一致。

6. 森林防火规划的编制

森林防火规划成果一般由规划文本、规划图纸和附件等 3 部分组成。规划文本表达规划的意图、目标和对规划的有关内容提出的规定性要求，文字表达应当规范、准确、肯定、含义清楚。附件包括规划说明书和基础资料汇编。规划说明书的内容是分析现状、论证规划意图、解释规划文本等。

编写森林防火规划文本应包括如下内容：

①总则，包括规划目的、规划制定的依据、规划指导思想和原则、规划范围、规划期限与目标。

②森林防火的现状和形势分析。

③森林防火组织体系建设。

④森林防火基础设施建设，包括森林防火基础设施建设的项目种类、布局，分布地点、结构、规格、布局等。

⑤森林防火物资储备。

⑥项目建设进度，应提出具体的年度安排计划。

⑦规划投资概算及资金来源。

⑧规划效益分析。

⑨规划实施的保障措施，包括森林防火规划的制度保障、组织保障以及政策、科技、资金、管理等方面的保障措施。

⑩附图和附表。根据各种规划措施表达的需要确定附图和附表。

(五)技能考核标准

1. 考核项目

每位学生提交针对实验区的“森林防火规划”文本、图则和说明书各 1 份。小组提交试验区森林火灾事故处置预案，实训结束时提交。

2. 考核标准

对森林防火年度工作方案目标的明确性、内容针对性、措施可行性、格式完整性等方面评定。

对森林防火规划的考核，可依照以下具体标准进行(表Ⅱ-7-5)。

表Ⅱ-7-5　森林防火规划成果评分标准

大　项	小　项	分值(分)	备　注
规范性	文本	40	该项可不作要求
	图则		森林火源分布、火险区划图
	规划说明书及其他附件		重点考核规划说明书
可行性	可燃物分类与火险区区划	10	
	规划目标定位	5	
	管理措施规划与创新	10	
	工程项目设计与空间布局	10	

（续）

大　项	小　项	分值(分)	备　注
可行性	规划时间安排	5	
	规划保障措施的策划	5	
	主要技术指标	5	
	投资与效益分析	5	
创新性	内容、技术与深度	5	
满　分		100	

Ⅲ. 综合实训案例

案例1　××乡(镇)森林火灾应急预案

一、总则

为了贯彻落实“预防为主，积极消灭”的森林防火工作方针，切实做好森林火灾的应急处置的各项工作，正确处理因森林火灾引发的紧急事务，确保全乡(镇)在处置森林火灾时反应及时、准备充分、决策科学、措施有力，尽最大努力保护人民生命财产和生态环境，把森林火灾造成的损失降到最低程度，根据《国家处置重特大森林火灾应急预案》《森林防火条例》《××省处置重、特大森林火灾应急预案》《××市突发公共事件总体应急预案》和《××县人民政府关于延吉市重、特大森林火灾应急预案》，制定本预案。

(1)适用范围

本预案适用于我乡(镇)区域内发生森林火灾的应急处置工作。

(2)制定权责

在乡(镇)人民政府统一领导下，乡(镇)森林防火指挥领导小组负责制定(修订)和实施本预案。乡(镇)属各行政村、林场负责制定本村、本林场森林火灾应急处置办法，报乡(镇)森林防火指挥领导小组批准备案。

(3)工作原则

应遵循以下原则，统一领导，分级负责；以人为本，把人民群众生命财产安全放在首位；保护森林资源，维护生态安全。

(4)预案启动

有火情向市森林防火指挥部报告之后，乡(镇)森林防火指挥领导小组密切注视火情变化，由乡(镇)森林防火指挥领导小组每10min向前方了解一次火情发展，启动本预案，而且随时根据火情发展，提高响应《预案》的工作级别。

(5)应急结束

森林火灾得到有效控制后根据实际情况，由乡(镇)森林防火指挥领导小组总指挥适时宣布结束应急期工作，恢复正常森林防火工作秩序。

二、组织机构与职责

本预案启动后，乡(镇)人民政府设立扑火指挥部，各行政村、林场等领导要迅速进入紧急状态，做好扑救森林火灾的相关保障工作。扑火指挥部机构组成如下：

总指挥：由乡(镇)长担任。其职责：负责全乡(镇)森林火灾应急处理工作；全面指挥火场扑救工作，组织和调度扑火力量，处置紧急情况；任命森林火场指挥员；有权对不服从指挥、行动迟缓、贻误战机、消极怠工、工作失职的人员当即给予行政纪律处分。

副指挥：设3人，由乡(镇)其他领导和林业站站长担任，主要任务是协助总指挥监督检查各项工作的落实。

扑火指挥部办公室设在林业站，负责日常工作。

联系电话：×××；

火警电话：12119。

乡(镇)直各村、林场要指定扑救工作联络员，专门负责收集、整理、报传、反馈、落实相关业务的协调工作，名单由乡(镇)森林防火指挥领导小组登记备案。根据森林火灾实际情况，设立通讯联络、灾民安置、伤员救护、车辆运输、后勤保障等森林火灾应急处置工作小组。

三、预测、预警、报告

乡(镇)森林防火指挥办公室每天认真听取省、县森林防火指挥部发布的森林火险气象信息，提出预先防范和应采取的扑救准备，使之防患于未然。

(一)火险预警等级指标

(1)五级

气象因子与火险综合指标达到强烈燃烧、强烈蔓延，要动员组织好扑火力量，待命出击，严格控制火源，禁止一切野外用火，其等级指标为极度危险，各村、场要升红色预警信号旗。

(2)四级

气象因子与火险综合指标达到易燃、最易蔓延，要加强瞭望，加大巡护检查密度和步骤，做好扑火准备，其等级指标为高度危险，各村、场要升橙色预警信号旗。

(3)三级

气象因子与火险综合指标达到自燃、易蔓延的，要加强瞭望巡逻，严控野外用火，其登记指标为中度危险，各村、场要升黄色预警信号旗。

(4)二级

气象因子与火险综合指标达到稍燃、可蔓延，要加强巡逻检查，戒严期内实行禁火管制。

(5)一级

气象因子与火险综合指标为不燃无危险，可进行休整。

(二)火灾报告制度

(1)任何单位或个人一旦发现森林火灾，必须立即向乡(镇)人民政府、乡(镇)森林防

火指挥领导小组报告。

(2)凡发生森林火灾，都应按行政区域管辖，由乡(镇)人民政府及森林防火指挥部负责处理。

(3)村级若发生下列森林火灾，应立即报告乡(镇)人民政府及乡(镇)森林防火指挥部。

①火场跨村行政界限的；

②发现高山 50m 内烧荒、堆烧积肥等野外用火现象的。

(4)若发生下列森林火灾，乡(镇)政府应立即报告县森林防火指挥部办公室(值班电话：×××)。

①火场跨区、乡(镇)行政界线的；

②火灾面积超过 15 亩或延烧 1h 未扑灭的；

③火灾造成重伤或经济损失严重的；

④威胁风景旅游区、居民区、重要设施、天然林区和国有林场的森林火灾；

⑤需要区支援扑救的。

四、火灾处理

(1)一般情况下，发现火情后，由当地所在单位领导组织指挥扑火；乡(镇)政府值班人员和林业站值班人员接到森林火灾报告后，应立即向带班领导报告，带班领导向乡(镇)党政办报告，一切行动服从乡(镇)森林防火指挥部指挥。

(2)乡(镇)值班人员要将乡(镇)森林防火指挥部领导的指示，迅速向火灾所在地的行政村传达，做好应急准备。乡(镇)党政办公室立即向乡(镇)武装部、派出所和三支专业扑火队等有关部门通报情况，做好应急准备，采取紧急扑救措施。

(3)对重大、特大火灾或伤亡事故，立即报告区政府总值班室(电话：×××)，并立即召开森林防火指挥部成员及相关单位参加的紧急会议，研究火灾事故紧急处理方案。

(4)火灾属地单位必须根据火灾紧急处理方案，紧急动员，迅速执行。

(5)发生森林火灾，按照属地管理先期处置、分级响应、分级负责的原则，启动应急预案。一般来说，随着灾情的不断加重，扑火组织指挥机构的级别也相应提高。森林火灾应急预案的响应级别按由高到低分为 3 级。1h 之后仍未扑灭明火，火场还没有得到控制，乡(镇)级扑火前线指挥部组建到位；2h 后仍未扑灭明火时，报请市森林防火指挥部启动市级应急预案。

五、扑火战区划分及兵力配置

(一)火灾扑救力量

(1)以民兵、专职护林员、专业扑火队为主的森林消防扑火。

(2)乡(镇)政府机关工作人员及其直属单位干部、职工，火灾属地村委会干部、群众(附具体名单)。

(3)行政村交界处发生森林火灾，毗邻的村干部、群众应主动配合，迅速组织力量扑救。

凡接到政府或森林防火指挥部命令的队伍、单位或个人，必须迅速赶到指定地点参加救

灾，不得延误。

(二)扑火战区划分

全乡(镇)共分×个战区，兵力分配如下：

第一战区：包括××个行政村，分别是：……；兵力160人；

第二战区：包括××个行政村，分别是：……；兵力120人；

第三战区：包括××个行政村，分别是：……；兵力60人；

……

六、后勤保障

(1)通讯联络保障

火场指挥人员应携带指挥通讯设备(手机、对讲机等)，随时与防火值班室保持联系，及时报告火情、火势等火场情况。值班室人员要做好值班记录，及时向领导汇报，并及时传达各级领导命令。

(2)灭火器材保障

火场属地行政村应及时提供足够的灭火器材，包括柴刀、二号、三号工具、灭火弹、灭火机等，以及临时需要调集的灭火器材。

(3)交通运输保障

火险期间，乡(镇)政府应备有值班车辆，需调动的车辆必须在规定时间内到指定地点待命，并保障运输安全。

(4)医疗救护保障

必要时，乡(镇)卫生院应负责成立临时医疗救护队，并携带医疗器材及药物到指定地点待命救护。

(5)后勤食品保障

扑救现场所需的食品、饮料由乡(镇)政府组织供应，应确保救灾人员的生活急需。

(6)对灾民和参加扑救的伤亡人员按行业归口管理

对社会灾民安置救济工作，由民政部门负责；对参加救灾的国家工作人员在扑火期间的工资、差旅费由所在单位支付；国家工作人员在扑火期间的生活补助费、非国家工作人员参加扑火期间的误工补贴和生活补助费，以及扑灭期间的其他费用，按有关规定的标准，由火灾肇事者支付，火因不清的由起火单位支付；火灾肇事单位、个人或起火单位确实无力支付的部分，由乡(镇)政府支付。

(7)火场清理保障

明火扑灭后，火场的监护清理由乡(镇)政府、森林防火指挥部组织负责保障，严防死灰复燃，确保火场安全。

七、后期处置

(1)迹地勘查与评估

明火扑灭后，火灾属地林业主管部门、防火办将立即组织专业人员，按规定对火灾迹地进行勘查，评估森林资源损失情况。乡(镇)政府、林业站应积极配合，及时提供火灾调查

报告及有关图表资料，报区防火办备案，送森林公安作为办案依据。

(2)火案查处

区森林公安负责组织火案侦查，乡(镇)政府、林业站人员要积极配合，及时查明起火原因、火灾肇事者，并依法处理，对于重大、特大火案，区司法机关提前介入，以案释法。

(3)善后处理

乡(镇)森林防火指挥领导小组部按照相关规定协助火灾发生单位，妥善处理灾民安置和灾后复建，指导对伤亡人员的救治及抚恤。

(4)工作总结

扑火工作结束后，要及时进行全面工作总结，重点总结分析火灾发生的原因和应吸取的经验教训，提出改善措施。

八、奖励与责任追究

(1)发生森林火灾能按照本应急预案积极组织扑救，在救灾中表现突出的单位和个人，乡(镇)政府将给予表彰奖励。

(2)对森林火灾事故的发生和蔓延有直接责任的领导，或玩忽职守、组织救灾不力、指挥不当或严重失职者，造成损失的单位和个人，乡(镇)政府要按照县、省森林防火指挥部的有关法规、文件，视情况轻重，在区分责任的基础上追究其相应责任。对违反或执行上级命令不及时，造成重大损失，构成渎职罪的，由政法部门追究法律责任。

九、附件

1.《××乡(镇)辖村干部森林防火责任分解表》。

2.《××乡(镇)森林消防队花名册》。

3.《××乡(镇)森林防火村级扑火队名单》。

案例2　森林火灾扑救实战案例

本案例主要讲述我国南方某山村一场森林火灾扑救过程以及扑救效果和得失的分析。

[事件经过]

某年3月6日16：00左右，我国南方某山村发生森林火情，接报后，县森林防火指挥部立即指派该乡森林消防中队20人驰援。此时林火狂燃，由于林下干枯地被物载量大，扑救人员难以接近，现场指挥员要求村民和乡森林消防中队在火场上方依托公路实施控制。

[分析]

火情报告及时，就近调配半专业力量，有利于防止大灾发生。植被深厚的区域直接扑打困难，依托宽阔阻隔带公路实施控制，可以获得必要的机动，有利于快速调度力量。但是，狂燃阶段，林火形成飞火可能性极大，仅靠单纯的防守极易导致林火越障、扩大火场；同时，未采用反烧战术，遇恶劣情况，极易造成群死群伤事故。

[事件经过]

17：10左右，县森林防火指挥部技术指导组抵达，发现火场上方公路上有扑救人员50余人，正沿公路方向一线排开，准备对火头实施拦截。当天东北风强劲，风力3~4级，具有阻隔森林火线功能的乡村公路处在半山腰，但呈西北、东南走向，与主风向呈垂直状态，这使林火极易越过公路向山上蔓延。见此情形，县防火办工作人员正要下车与现场指挥员磋商调整兵力部署、改变战术，火场东南侧火点出现飞火，引燃道路侧上方的地被物形成新的火场。

[分析]

兵力配置失当，火场上方、下风方向集中大量扑救人员，一旦出现恶劣情况极易出现伤亡，若采用此种配置方式，需由有经验的分队辅以反烧战术，确保及时加宽以公路为依托的阻隔带。此时也可集中兵力于火场底线即河边，实行底线突破、两翼包抄的战术，仅需留少部分人员在公路沿线控制火势。但是，尽管意识到战术错误，准备调整，终因战机错失，留下遗憾！

[事件经过]

面对公路上方与下侧方的两个火场，现场指挥员产生了意见分歧。最后，先集中优势兵力扑救下侧火、分散少数兵力扑打此路上方火线的意见被否决，上方火场集中了几乎全部扑救力量，面对凶猛的上山火头扑救进展极慢，扑救人员信心动摇。18：30左右，公路下侧火场火势越过小河延烧至陆地村的林地。此时，县森林防火指挥部紧急抽调的县直及周边乡镇的队伍已全部抵达现场，县森林防火指挥部领导按照就近处置的原则，对3个火场处置进行了明确分工，即：相近的四个乡(镇)负责公路上方火场，县武警消防大队、县直森林消防大队等扑火队伍投入小河对面火场，利用傍晚风力转小、火势变弱的时机，坚决实施了底线突破、两翼穿插、分割包围的战术，先控制住底线，确保火场不再扩大。附近乡(镇)的部分兵力和周边村民对公路下方进行边打边清。仅用不到1h就全面控制南、中、北3个火场，由于连日晴天、干燥天气的影响，当地森林植被严重干枯，多次发生复燃，各分队分别留下少量人员协助清理火场中的烟点、燃烧的火点。至当晚 21：40，火场全面清理完余火。

［分析］

现场指挥形式上的民主决策制是火灾扑救指挥调度的大忌，极易造成现场人员观望、动摇，丧失战机，有时甚至会产生错误决策，造成扑救失败。此时的游移不定和错误决策为小河对面新火场的产生埋下了伏笔。打强度大的火而不打弱火是森林火灾扑救的又一大忌，扑打上山火头往往易产生危险而且效果也不理想。

及时增援是防止森林火灾失控的又一重要手段，现场的统一协调是使这一手段生效的关键。现场总指挥对兵力的调整和指挥上抓住了当时的关键。在科学决策的前提下大胆用兵，结合时段、火势特点，采用合理战术确保火场快速控制。底线突破、两翼包抄是山区扑救森林火灾的基本战术，在实践中成功率高。全线用兵的集群扑救作战可依托优势兵力，实行分割包围，进一步提高了这种战术的实效。

连续晴天的干燥天气条件下，火场复燃几率高，火场看守人员要配足，还要随时对火场实施巡护，对余火进行逐点清理，确保火灾扑救成果。

［总评］

该起森林火灾的处置前期、中期分别出现了一定的失误，致使过火面积不断扩大；进入决战阶段扑救前线指挥部把握了重点，抓住了战机，采取合理的战术，确保了安全快速处置。从火情报告、指挥调度和扑救战术的运用方面看，这起火情有比较典型的意义，有很多的教训、经验可供吸取与借鉴。

注：本案例原始资料源自福建森林防火网 http：//www. fjforest12119. net/shownews. asp? NewsID＝4388。

案例3　森林火灾扑救伤亡案例

本案例主要讲述由于森林火灾扑救知识和经验的缺乏，所导致人员伤亡的事件经过和原因。

[伤亡事故经过]

1996年4月14日，黑龙江省绥阳林业局河湾林场施业区(如图Ⅲ-3)，因附近农民烧荒引起山火，经武装森林警察、职工奋力扑打，于16日将山火扑灭，过火面积400hm^2，受害森林面积100hm^2，扑火中牺牲7人(其中职工1人，武装森林警察战士6人)，重伤3人，轻伤3人。

4月15日，天晴，气温14℃，西北风1~2级。11:00，山火蔓延到林场32林班。该林班从北向南排列三道东西走向的山梁，中间有两狭窄山沟，沟底只有2m宽，两边山坡坡度30°~40°，沟口朝西，临近大绥芬河的")"形转弯处。

在沟两侧分布着蒙古栎、桦、椴树为主的阔叶混交林，部分地段有小片赤松，郁闭度约0.8。山坡上枯落物平均厚度为5cm，沟内枯落物厚达30~50cm。林内是榛为主的灌木，有少量倒木。当时，火从北部第一道山梁沿南坡向下燃烧。局防火办公室干部带领10名武装森林警察和2名职工，在第二道山梁开设隔火线，当开出300m时，山火越过第一条沟向第二道山梁烧过来。这时，西边火头也突破沟口阻火线顺第二条山沟猛冲上来。扑火队伍处于两面夹击的境地，指挥员命令向第二条沟口突围。4名武装森林警察迎火冲出火线(3人重伤，1人轻伤)。但有7人见沟口可燃物燃烧非常剧烈，便想越过第二条沟底向第三道山梁撤离，结果全部牺牲在沟内。另外还有2人见无法从沟口或第三道山梁突围，被迫顺风向东面山顶猛跑，最后在一块可燃物稀少的跳石塘内卧倒避火脱险(2人轻伤)。这场火最后调集兵力沿两火翼扑打，在待火头向山下蔓延火势减弱时，采取直接扑打的方法，于16日被彻底扑灭。

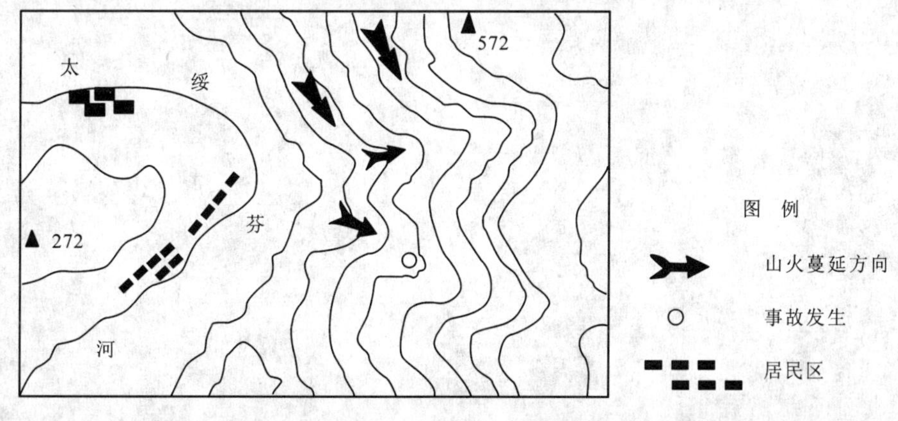

图Ⅲ-3　绥阳火场示意图

[事故原因分析]

(1)平时要加强对扑火人员的安全知识、自救方法的教育和训练，使他们遇险后能随机应变，采取相应的自救措施。

(2)在扑打山地火时，尤其在危险地形、可燃物相对集中的地段作业，必须首先选定避火安全区和撤离路线。

(3)开设隔火线是堵截高强度火的一种有效措施。但在扑火中主要是采取沿火线扑打的方法。火头的蔓延速度受地形、天气和可燃物的制约，抓住火势发展缓、弱的有利时机，采取沿火线“两边夹击”的安全打法，直接将火扑灭。

参 考 文 献

关继东 . 2007. 林业有害生物控制技术 . 北京：中国林业出版社 .

国家林业局森林病虫害防治总站 . 2002. 森林病虫害防治工作组织与管理 . 哈尔滨：东北林业大学出版社 .

国家林业局植树造林司，国家林业局森林病虫害防治总站 . 2005. 中国林业检疫性有害生物及检疫技术操作办法 . 北京：中国林业出版社 .

《森林植物检疫》编写组 . 1999. 森林植物检疫 . 北京：中国林业出版社 .

徐映明，朱文达 . 2005. 农药问答 . 4 版 . 北京：化学工业出版社 .

中华人民共和国林业部 . 1993. 林业行业干部岗位规范(试行). 北京：中国林业出版社 .

劳动部、林业部 . 1993. 中华人民共和国工人技术等级标准 . 北京：中国林业出版社 .

国家职业分类大典和职业资格工作委员会 . 1999. 中华人民共和国职业分类大典 . 北京：中国劳动社会保障出版社 .

《高等职业教育综合实训课程开发模式的研究与实践》课题组 . 2006. 高等职业教育综合实训典型方案 . 北京：高等教育出版社 .

胡志东 . 2003. 森林防火 . 北京：中国林业出版社 .

郑焕能 . 1994. 森林防火 . 哈尔滨：东北林业大学出版社 .

林业部森林防火办公室 . 1996. 森林火灾扑救与指挥 . 北京：中国林业出版社 .

中华人民共和国森林法(1984 年 9 月 20 日第六届全国人民代表大会常务委员会第七次会议通过，根据 1998 年 4 月 29 日第九届全国人民代表大会常务委员会第二次会议《关于修改〈中华人民共和国森林法〉的决定》修正).

森林防火条例(1988 年 1 月 16 日国务院发布).

草原防火条例(1992 年 6 月 22 日国务院发布).

附　录

附录1　杨干象检疫技术操作办法

1　主题内容及应检范围

1.1　本办法规定了杨干象 *Cryptorhynchus lapathi* L. 的检疫检验及检疫处理操作办法。

1.2　本办法适用于林业植物检疫机构对杨柳科中杨属 *Populus* spp.、柳属 *Salix* spp. 以及赤杨 *Alnus japonica*、矮桦 *Betula potaninii* 等植物活体、木材(含原木、锯材)的检疫检验和检疫处理。

2　产地检疫

2.1　种苗繁育基地的建立

2.1.1　应选择和培育适合当地生长、对杨干象抗性较强的树种(品种)。

2.1.2　对种苗繁育基地周围的被害木，特别是严重危害而无防治价值的散生木要及时伐除。

2.2　踏查

2.2.1　在其寄主的苗木繁育基地、防护林、用材林及四旁树等地，以自然界线，或选择有代表性的地段进行线路(目测)踏查。

2.2.2　调查苗木(含插条、接穗)、幼树的树皮表面是否有微下凹、红褐色水渍状斑痕、呈倒马蹄形刻痕和黑褐色丝状物或木丝排出；在枝痕、休眠芽、皮孔、棱角、裂缝、伤痕或其他木栓组织是否有针刺状小黑孔。

2.2.3　调查寄主的枝干部是否有刀砍状横裂口。

2.2.4　剖开寄主的木质部检查是否有不规则的片状蛀道、幼虫或蛹。

2.2.5　确认有疫情需进一步掌握危害情况的，应设标准地(或样方)做详细调查。

2.3　标准地(或样方)调查

2.3.1　种苗繁育基地样方设置与调查

2.3.1.1　样方的累积面积应不少于调查总面积的5%。

2.3.1.2　每块样方面积为5～10 m^2，样方内的苗木应进行被害程度分级调查。

2.3.2　林分标准地设置与调查

2.3.2.1　按林分面积设置，30 hm^2 以下(含30 hm^2)设1块；30～50 hm^2 设2块；50 hm^2 以上按发生总面积的2%设置。

2.3.2.2　每块标准地面积为0.1 hm^2，采取对角线法，抽取样树30株；防护林每隔200 m、四旁树每隔50～100 m设1株，进行被害程度分级调查，计算10株样树上的虫口密度。

2.4　发生程度分级标准

轻　平均虫口2～5头/株；

中　平均虫口6～15头/株；

重　平均虫口16头/株以上。

3　调运检疫

3.1　抽样比例

3.1.1　苗木(含插条、接穗)、幼树按每批货物总件数(株)的1%～5%抽取。

3.1.2　木材(含原木、锯材)按每批货物总件数(m^3、根)的10%抽取。

3.2　抽样方法

3.2.1　苗木(含插条、接穗)、幼树按照抽样比例，采取分层方式设5个样点抽样检查。

3.2.2　木材视疫情发生情况，采取楞垛表面或分层方式设点抽样检查。

3.3　现场检验

3.3.1　用毛刷蘸清水清洗苗木从根基到苗高3/4段；插条、接穗等繁殖材料清洗全株后，检查叶痕、树皮孔、棱角、裂缝等部位是否有水渍状斑痕、倒马蹄形刻痕、越冬幼虫、卵。

3.3.2　检查幼树树干是否有刀砍状裂口，取代表性木段，剖木检查是否有片状蛀道，或幼虫、蛹。

4　检疫检验

4.1　雄成虫外生殖器制作

4.1.1　用吸管将醋酸乙酯洗液蘸于雄成虫腹面，特别是在后足基节和腹板第1节连接处，经2～3 min后再蘸一次。

4.1.2　将雄成虫腹面向上，用母指和食指抵住鞘翅背面，用昆虫针插入后足基节和腹板第一节之间的缝隙内，轻轻向后一挑，将整个腹部剥离。

4.1.3　取下腹部后，置于10%～20%氢氧化钾(钠)溶液中，浸泡4～6 h后，从腹面的断面直接取出外生殖器。

4.2　鉴定步骤

4.2.1　根据以下特征，鉴定是否属象虫科：上唇不真分离。触角几乎全为膝状，触角棒各节密实，触角端部明显呈棒状。上颚外喙无齿，喙因性别而不同。转节稀放长。前胸背板基部至两侧后端无隆线，腹板1～2愈合。体壁大多被鳞片。

4.2.2　根据以下特征，鉴定是否属隐喙象亚科：体多呈卵形，大而隆。被覆黑色、暗褐色、淡褐色或白色鳞片。前胸背板和鞘翅具鳞片束或毛束。喙长或短、弯，有时扁而直。胸部腹面有长或短的胸沟。胫节刺起源于端窝的隆线，向里弯；爪稀有齿。

4.2.3　根据以下特征，鉴定是否属隐喙象属：腹板1与腹板3几乎等长，至少和腹板2等宽，或腹板2比腹板3+4短的多。小盾片存在。喙突隆、弯曲。胸沟超过中足基节的前缘；中胸腹板在中基节间呈截形。腿节具齿。前胸背板简单。头在眼上方不凹陷。

4.2.4　根据种的特征(附件)，鉴定是否为杨干象。

5 除害处理

5.1 对携带有越冬幼虫或卵的苗木(含插条、接穗)，可采用溴氰菊酯 1000 ~ 2500 倍液浸泡 5 min。

5.2 调运木材必须就地剥皮并采用溴甲烷、硫酰氟、磷化铝熏蒸处理，气温 4.5 ℃以上时，溴甲烷用药量为 48 ~ 80 g/m^3、熏蒸时间 24 h；硫酰氟 64 ~ 104 g/m^3、熏蒸时间 24 h；磷化铝 4 ~ 9 g/m^3、熏蒸 3 天。

5.3 热处理木材，在相对湿度达到 60%，木材中心干球温度达到 60℃条件下，处理10 h。

附件

杨干象主要鉴定特征

成虫 体长 7.0 ~ 9.5 mm，长椭圆形，黑褐或棕褐色，无光泽，全体密被灰褐色鳞片，其间散布白色鳞片形成若干不规则的横带，前胸背板两侧，鞘翅后端 1/3 处及腿节上的白色鳞片较密，并混杂直立的黑色鳞片簇。喙弯曲，中央具 1 条纵隆线。前胸背板两侧近圆形，前端极窄，中央具 1 条细纵隆线。触角 9 节呈膝状，棕褐色。鞘翅于后端的 1/3 处向后倾斜，并逐渐缢缩，形成 1 个三角形斜面，雄虫臀板末端为圆形，雌虫臀板末端为尖形。

雄虫 外生殖器阳具端的侧缘几乎平行，先端不扩大，略似弹头形，但不隆起，先端边缘中央有一“V”形缝。

幼虫 末龄幼虫体长 9.0 mm 左右，乳白色，弯曲，疏生黄色短毛。头部黄褐色，上颚黑褐色，下颚及下颚须黄褐色，头颅缝明显。前胸有 1 对黄色硬皮板，胸足退化。腹部 1 ~ 7 节由 3 小节组成，侧板及腹板隆起。

附录 2 松突圆蚧检疫技术操作办法

1 主题内容及应检范围

1.1 本办法规定了松突圆蚧 *Hemiberlesia pitysophila* Takagi 的检疫检验及检疫处理操作办法。

1.2 本办法适用于林业植物检疫机构对松属 *Pinus* spp. 植物活体、松针、鲜球果、枝条的检疫检验和检疫处理。

2 产地检疫

2.1 种苗繁育基地的建立

2.1.1 禁止从已知疫情发生区引进苗木等繁殖材料。

2.1.2 种植培育的松属苗木、盆景、特殊用苗一旦发生或发现携带有疫情的，应停止育苗并予以集中销毁。

2.1.3 位于疫情发生区及毗邻地区的种苗繁育基地不得种植培育易感苗木，改育其他抗虫树种。

2.2 踏查

2.2.1 在种苗繁育基地、松树栽植地的林区、贮木场及加工场(点)、集贸市场，以林间自然界线，或选择有代表性的地段进行线路(目测)踏查。

2.2.2　调查树冠下部枝条、上部针叶是否枯黄、枯死，有时顶梢嫩叶虽保持绿色，但新梢卷曲缩短、死梢及濒临死亡或整株枯死。

2.2.3　调查中下部当年生针叶基部、叶鞘内或叶鞘外显露处、新抽嫩梢基部及鲜球果鳞片等处是否有蚧虫体。

2.2.4　调查原木上携带的针叶，盆景或特殊用苗的枝梢是否有前述症状及蚧虫体。

2.2.5　确认有疫情需进一步掌握危害情况的，应设标准地(或样方)做详细调查。

2.3　标准地(或样方)调查

2.3.1　种苗繁育基地样方设置与调查

2.3.1.1　样方的累积面积应不少于总面积的5%。

2.3.1.2　每块样方面积为0.1～5 m^2，样方内的苗木及盆景、特殊用苗应逐株进行调查。

2.3.2　林分标准地设置与调查

2.3.2.1　按林分面积设置，200 hm^2 以下(含200 hm^2)设3块，200 hm^2 以上至少设5块；零星分布的以小班为单位设置。

2.3.2.2　每块标准地面积为0.1 hm^2，与坡面等高线平行，采取平行线法，抽取样树20～30株，在每株树冠中部的不同方位剪取30～40 cm长的枝梢，每枝梢抽取针叶10束，进行发生程度或危害程度分级调查。

2.3.3　贮木场及加工场(点)、集贸市场样方设置与调查

2.3.3.1　原木携带有松针、鲜球果、枝条的，应逐根抽出全部进行调查。

2.3.3.2　盆景或特殊用苗，应逐盆(株)对针叶、枝梢做详细调查。

2.4　分级标准

2.4.1　发生程度分级标准

以每束针叶上雌成虫数为标准：

轻　平均雌成虫数≤3头/针束；

中　平均雌成虫数4～6头/针束；

重　平均雌成虫数≥7头/针束以上。

以抽样针叶上若虫、成虫的有虫针数为标准：

轻　平均有虫针数≤30%；

中　平均有虫针数31%～50%；

重　平均有虫针数≥51%。

2.4.2　危害程度分级标准

轻　松树被害状不明显，抽梢正常，发生程度为轻度以下；

中　松树大部分针叶发黄，抽梢缩短，发生程度为中度；

重　全树老针叶发黄或提早脱落，枝梢干枯，中下层松梢停止抽梢，上层抽梢5 cm以下，树木濒临死亡。

2.5　疫情监测

2.5.1　从上年度疫情分布区的边缘开始，横向每点相距10 km，纵向相距1 km呈方格形布设。

2.5.2　发现松突圆蚧任何虫态的点为新疫点，一直调查到未发现新疫点为止。调查方法参照标准地(或样方)调查。

3　调运检疫

3.1　抽样比例

3.1.1　苗木、枝条按一批货物总件数(株、根)的5%抽取；球果按10%～15%抽取；盆景、特殊用苗应全部进行调查。

3.1.2　原木及运载工具携带的松针、鲜球果和枝条，应全部进行检查。

3.2　抽样方法

3.2.1　苗木、枝条按抽样比例，采取分层方式设5个样点抽样检查。

3.2.2　盆景、特殊用苗按树冠的不同部位和方位抽样；原木及运载工具携带的松针、鲜球果、枝条全部进行检查。

3.3　现场检验

3.3.1　检查苗木、盆景、特殊用苗等枝条上的针叶是否有蚧虫。

3.3.2　检查原木及运载工具是否在松针、鲜球果上携带有蚧虫。

4　检疫检验

4.1　标本采集

4.1.1　发现可疑的蚧虫，应挑选虫体数量多的部位连同寄主一起取下，置于50%～70%乙醇加0.5%～1%甘油浸泡液中。

4.1.2　将采集的蚧虫，在解剖镜(40倍)下观察外形，然后挑开蚧壳进行初步检查。

初孵若虫：无蚧壳包被，体卵圆形，淡黄色，长0.2～0.3 mm。

1龄若虫：蚧壳为白色、圆形，边缘半透明。

2龄若虫：在性分化前蚧壳为圆形，中间可见橘黄色1龄蜕皮。性分化后雌若虫体增大，附肢退化，口针增长；雄若虫蚧壳变长卵形，浅褐色，壳点突向一端，虫体前端出现眼点，口针逐渐消失。

雄蛹：离蛹，附肢明显，口针消失，蚧壳形状大小与2龄若虫相似。

雄成虫：体橙黄色，有1对翅，羽化出壳后在针叶丛中或蚧壳附近爬动。

雌成虫：体较大，梨形，口器发达，附肢全退化，阴门明显，蚧壳有3圈明显轮纹。

4.1.3　死、活虫识别特征

死虫：体色多为褐色。体液呈棕红、褐色或虫体干枯灰白色。体态干瘪、变脆或霉烂，不活动。

活体：体色淡黄。体液呈黄至橘色，新鲜。体态饱满，体表光滑。初孵若虫爬动，触动雄成虫后肢微动。

4.2　玻片标本制作

4.2.1　将采集的标本在解剖镜下挑出雌成虫虫体制成玻片标本镜检。

4.2.1.1　将采回带有雌成虫的松针放入盛有20%氢氧化钾的玻璃容器中，置90℃恒温箱内，10 min后轻轻挑取虫体。

4.2.1.2　在玻璃容器内，放入20%氢氧化钾加0.5%甘油液5～10 ml。将挑下的虫体移入此液中，置90℃恒温箱内，20 min后虫体膨胀呈透明状。用0号解剖针在虫体侧上方刺一孔，用钩状解剖针轻压虫体，清除体内含物使其仅剩半透明体壁。

4.2.1.3　另取一个玻璃容器，放入丁香油2～3 ml，将已清除内含物的虫体移入此液中，5～10 min后虫体即清彻透明。

4.2.1.4 再取一个玻璃容器，放入乳酸—石炭酸液(乳酸与石炭酸等量混合)5 ml，将透明的虫体移入此液中浸泡10 min。

4.2.1.5 在表面皿上滴适量乳酸—石炭酸液及酸性品红液(2∶1)，将上述虫体移入后置50℃恒温箱内10～20 min进行染色。

4.2.1.6 备2个表面皿：一个滴适量丁香油，另一个滴二甲苯。将染色后的虫体移入丁香油中，洗涤虫体上的脏物或浮色，后放入二甲苯中定色约20 min。

4.2.1.7 将浸泡在二甲苯内的虫体用钩状解剖针移放在洁净的载玻片上，在解剖镜下整姿、镜检。

4.3 鉴定步骤

4.3.1 根据以下特征，鉴定是否属盾蚧科：雌成虫有典型介壳，虫体除中部外，分节不明显，头部常合并，腹节5～8愈合为臀板；臀板有臀角、臀刺、硬化棒附器及管状腺体、圆形盘腺；腹节10～11有阴门和肛门。

4.3.2 根据以下特征，鉴定是否属突圆蚧属：雌成虫体梨形，腹部较细，臀板后部宽圆。触角呈小突起，上有刚毛1根。前气门附近无盘腺。肛孔大，在臀板末端。围阴腺或有或无。背腺细长集中在臀板末端，臀叶至少1对，中臀叶发达，左右两片靠拢，臀板上每侧有2对半月形内附片。缘鬃发达，长过中臀叶，顶端分叉，分布在臀板末端。

4.3.3 根据种的特征(附件)，鉴定是否为松突圆蚧。

5 除害处理

5.1 疫区或疫情发生区内的苗木、盆景或特殊用苗及松属植物的枝条、针叶和鲜球果等严禁调出。砍伐的原木或枝桠一律就地作薪炭材、纸浆材使用，或就地销毁。原木调运要剥皮。

5.2 在调运检疫中发现带虫苗木、盆景或特殊用苗应就地销毁。

5.3 对疫区或疫情发生区的各种松类苗木、盆景或特殊用苗，经检疫发现松突圆蚧，用松脂柴油乳剂(0号柴油∶松脂∶碳酸钠＝22.2∶38.9∶5.6)3～4倍稀释液、40%毒死蜱400倍液均匀喷洒或销毁处理。

附件

松突圆蚧主要鉴定特征

雌成虫 体略呈宽梨形，长0.7～1.1 mm。触角疣状，生有1根毛。前气门无盘腺。腹第2～4节侧缘常向外突出。臀板上无网状花纹；臀叶2对，中臀叶突出，长略大于宽，顶端圆，每个中臀叶两侧各有一凹刻，第2臀叶很小；在中臀叶和第2臀叶间及第2臀叶前各有1对顶端膨大的硬化棒；臀棘细而短，在中臀叶间1对，在中臀叶和第2臀叶间1对，在第2臀叶前各有3对；背腺管细长，在中臀叶间1个，其余排成3纵列；无围阴腺。腹腺管细小，在前后胸气门间排成横带。

雄成虫 体橘黄色，长0.80 mm左右。触角10节。单眼2对。胸足3对。翅1对，翅展约1.10 mm，膜质，具脉2条。后翅退化为平衡棒。交尾器发达。

初孵若虫 体呈卵圆形，淡黄色，长0.20～0.30 mm，眼1对，发达，着生于触角下侧方。触角4节，末节最长，具轮纹。口器发达。足3对，具正常节数。腹面体缘生有1列刚毛。臀叶2对，中臀叶发达，外侧有缺刻，第2臀叶很小。中臀叶间有长、短刚毛各1对。

附录3 美国白蛾检疫技术操作办法

1 主题内容及应检范围

1.1 本办法规定了美国白蛾 *Hyphantria cunea*(Drury)的检疫检验及检疫处理操作办法。

1.2 本办法适用于林业植物检疫机构对林木、果树、灌木等植物活体、木材、植物性包装材料(含铺垫物、遮荫物、新鲜枝条)及装载容器、运载工具的检疫检验和检疫处理。

2 产地检疫

2.1 踏查

2.1.1 对寄主栽植地的防护林、果园、公园、"四旁"树，与疫情发生区有货物运输往来的交通要道、货物集散地周围的树木进行线路(目测)踏查。

2.1.2 幼虫期调查树冠是否有网幕、叶片呈缺刻孔洞状，或整株树叶被食光，叶脉呈白膜状枯黄。

2.1.3 调查老树皮内、乱石堆中、墙缝、屋檐下是否有越冬(越夏)蛹。

2.1.4 确认有疫情需进一步掌握危害情况的，应设标准地(或样方)做详细调查。

2.2 标准地(或样方)调查

2.2.1 在网幕盛发期，选择喜食树种多、疫情发生重的地段设置。

2.2.2 采取等距隔行方式，选取样树 50 ~ 100 株，也可根据需要临时增补样树，进行每木幼虫网幕数的调查。

2.3 发生程度分级标准

轻 有虫株率 2% 以下;

中 有虫株率 2.1% ~5%;

重 有虫株率 5.1% 以上。

3 调运检疫

3.1 检验要求

3.1.1 对来自疫情发生区的林木、果树、灌木等活体、木材、植物性包装材料(含铺垫物、遮荫物、新鲜枝条)及装载容器、运载工具，进行全面检查。

3.1.2 待运上述受检物的场地、仓库等周围 500 m 范围内应确保无疫情。

3.2 现场检验

3.2.1 检查寄主植物活体、植物性包装材料(含铺垫物、遮荫物、新鲜枝条)表面是否有成虫、卵、幼虫、蛹及被害状。

3.2.2 检查装载容器、运载工具、植物性铺垫材料(含铺垫物、遮荫物、新鲜枝条)、木材(原木)裂缝或树皮开裂处等是否有成虫、卵、幼虫、蛹、排泄物、蜕皮物或被害状。

4 检疫检验

4.1 标本制作

4.1.1 翅脉制片：取完整成虫的前、后翅，浸入 80% 酒精液中 1 ~2 min 使其湿润，然后将翅移入 10% 的稀盐酸液中 1 ~2 min，用吸水纸吸去稀盐酸，移入 10% ~15% 漂白液

中，如此反复多次直至翅脉上的鳞片脱净为止。取无色透明翅浸入伊红液中，移入30℃恒温箱中24 h，取出染色的前、后翅，分别移入90%、95%、100%酒精中1 min，滤纸吸去酒精后，再移入二甲苯1 min。取前、后翅置于载玻片上镜检。

4.1.2　雄成虫外生殖器制片：剪开雄成虫腹部，将其置于试管中，放入少量的10%氢氧化钠(钾)溶液，将试管倾斜地在酒精灯上小心煮沸，直到腹部透明看到外生殖器为止。将试管里的内含物倒在盘里，用一根昆虫针钩住抱器瓣，用另一根昆虫针拉出外生殖器，取出外生殖器放在水里洗涤，并保存在80%酒精里，置于载玻片上镜检。

4.2　鉴定步骤

4.2.1　根据以下特征，鉴定是否属灯蛾科：前翅 M_2 靠近 M_3，远离 M_1；后翅 $Sc+R_1$ 与 Rs 在中室基部并接且直延伸到中室中部。

4.2.2　根据以下特征，鉴定是否属白灯蛾属：后翅有 M_3、前翅 R_2—R_5 共柄，前缘基部不成拱形，喙或多或少退化，后足胫节缺中距，前足胫节有弯端爪，头、胸被粗毛。

4.2.3　根据种的特征(附件)、类似美国白蛾雄成虫外生殖器检索表，鉴定是否为美国白蛾。

5　除害处理

5.1　对来自疫情发生区的应检物，尤其是植物性包装材料、交通工具必须严格复检，发现疫情采用2.5%溴氰菊酯乳剂5000~6000倍液等药剂进行处理。

5.2　对于数量大又不便拆开的应检物，发现疫情采用溴甲烷熏蒸处理，在15~20℃时用药量为20 g/m^3、熏蒸时间24 h。

5.3　对于植株上检出的幼虫网幕、蛹、成虫等予以销毁。

附件

美国白蛾主要鉴定特征

成虫　雄虫前翅纯白或杂有浅褐色斑点，后翅斑点少；雌虫前、后翅白色无斑点，腹背纯白色。前翅 R_2—R_5 共柄，R_1 由中室单独发出，M_1 由中室前角发出，M_2、M_3 由中室后角上方发出，Cu_1 由中室后角发出；后翅 $Sc+R_1$ 由中室前缘中部发出，Rs 和 M_1 由中室前角发出，M_2、M_3 有一短共柄，由中室后角上方发出，Cu_1 由中室后角发出。前足胫节端部有弯爪。后足胫节无中距，仅有1对端距。雄性外生殖器爪形突向腹面弯曲呈钩状；抱器瓣对称，中部有一突起，阳茎稍弯，顶端着生微刺突，阳茎基环梯形、板状。

幼虫　老熟幼虫体长22.0~37.0 mm圆筒状，背方有1条深褐色至黑色宽纵带，带内分布有黑色毛瘤。体侧淡黄色，多着生橘黄色毛瘤。胸部各节 V_1 毛瘤为单刚毛；前胸 D_2 毛瘤退化，SD_1 毛瘤小，与 SD_2 毛瘤相接；中、后胸 D_1 与 D_2 毛瘤完全愈合。第1~7腹节上 D_1 毛瘤不及 D_2 毛瘤的1/3大，L_1、L_2、L_3 毛瘤分离；第8腹节无 L_3 毛瘤；第9腹节的 D_1、D_2 和 SD_1 毛瘤相互邻接，L_1 和 L_2 愈合，L_3 缺如。

蛹　头圆形，额及触角基部稍膨大。上唇(lbr)小而明显。下颚(mx)大，伸过前翅(W_1)长的2/3。下颚须和前胸足腿节不见。前胸足(I_1)伸及下颚顶端附近；中胸足(I_2)前方不达眼部，后方不达翅顶而彼此在腹方中央相接。触角(a)不达中胸足端部。前翅约伸达第4腹节的3/4处，在腹中央相遇。后翅及后胸足不见。臀刺(Cr)为10~15根几乎等长的细刺。雄蛹在第9腹节腹面中央有1个生殖孔。第10腹节腹面有呈"∧"形的肛门。雌蛹在第8~9腹节腹面有2个生殖孔，第8腹节的生殖孔位于第8腹节腹面前缘中央，向尾部裂开，向两侧沿第7~8腹节节间短距离内陷，形成"Y"形的生殖孔。第9腹节腹面中央的生殖孔较小，圆形。第10腹节腹面有"∧"形的肛门。

附录4　枣大球蚧检疫技术操作办法

1　主题内容及应检范围

1.1　本办法规定了枣大球蚧 *Eulecanium gigantea*(Shinji) 的检疫检验及检疫处理操作办法。

1.2　本办法适用于林业植物检疫机构对枣属 *Ziziphus* spp.、核桃属 *Juglans* spp.、苹果属 *Malus* spp.、梨属 *Pyrus* spp.、李属 *Prunus* spp.、栗属 *Castanea* spp.、榆属 *Ulmus* spp.、杨属 *Populus* spp.、柳属 *Salix* spp.、蔷薇属 *Rosa* spp.、槭属 *Acer* spp. 的植物以及槐树 *Sophora japonica*、刺槐 *Robinia pseudoacacia*、扁桃(巴旦杏) *Amygdalus communis*、文冠果 *Xanthoceras sorbifolia*、黄槟榔青 *Spondias mombin*、紫薇 *Lagerstroemia indica*、华北珍珠梅 *Sorbaria kirilowii* 等植物活体的检疫检验和检疫处理。

2　产地检疫

2.1　种苗繁育基地的建立

2.1.1　在培育上述寄主植物时，应选择无疫苗木、接穗和插条。

2.1.2　种苗繁育基地周围应有自然屏障，并尽量远离疫情发生区。

2.2　踏查

2.2.1　在种苗繁育基地、寄主栽植地、苗木交易场所、木材市场等，以自然界线、道路为单位进行线路(目测)踏查。

2.2.2　调查寄主叶片是否发黄，枝条干萎、树势衰弱或枯死。

2.2.3　调查寄主叶片尤其是主脉及两侧、枝条基部、芽腋附近、带皮原木是否有蚧虫。

2.2.4　确认有疫情需进一步掌握危害情况的，应设标准地(或样方)做详细调查。

2.3　标准地(或样方)调查

2.3.1　种苗繁育基地样方设置与调查

2.3.1.1　样方的累计面积应不少于调查总面积的0.1% ~5%。

2.3.1.2　每块样方面积为5 m^2，采取对角线取样法，抽取苗木总量的1/2。

2.3.2　标准地设置与调查

2.3.2.1　按林分面积设置，5 hm^2 以下(含5 hm^2)设1块；5 hm^2 以上每增加5 hm^2 增设1块。

2.3.2.2　每块标准地面积为0.1 hm^2，采取对角线取样法，抽取样树10 ~15株；“四旁”树每隔20 ~30 m，抽取样树1株。

2.4　发生程度分级标准

轻　枝梢被害率20%以下；

中　枝梢被害率21% ~50%；

重　枝梢被害率51%以上。

3　调运检疫

3.1　抽样比例

3.1.1　苗木按一批货物总件数(株)的5%抽取，少于5株的应逐一进行调查。

3.1.2　对于来自疫情发生区以及可疑的苗木需增大抽样比例，或逐株全部检查。

3.2　抽样方法

3.2.1　苗木按照抽取比例，采取分层方式设3～5个样点抽样检查。

3.2.2　植株活体发现可疑症状的应直接抽出检查。

3.3　现场检验

3.3.1　检查幼树叶片、枝干部是否有蚧虫。

3.3.2　现场不能作出可靠鉴定的，按不同部位各制2份样品，作室内进一步检验。

4　检疫检验

4.1　根据以下特征，鉴定是否属蜡蚧科：雌成虫触角最多9节、2对胸气门或至少1对胸气门位于胸部正常位置，腹末有臀裂及肛板，无"8"字腺。

4.2　根据以下特征，鉴定是否属球蜡蚧属：实生虫体卵圆形，或圆形，背隆，有时体呈半球形，或近球形。虫体背面高度硬化；腹面富于弹性、膜质，常凹形向背面紧靠。触角6～8节。足与虫体相比小，胫节与跗节之间无硬节片。气门刺通常3根。管腺有。沿虫体之体缘常有长而尖的毛和刺分布。

4.3　根据种的特征(附件)，鉴定是否为枣大球蚧。

5　除害处理

5.1　在调运检疫中，发现带疫的寄主植物，应集中销毁。

5.2　从疫区调入苗木、接穗，若发现有枣大球蚧的危害，在虫口密度较小或初孵若虫期时，可喷洒50%杀螟松乳油500倍液、15%吡虫啉微胶囊干悬剂2 000倍液喷洒寄主植物。

附件

枣大球蚧主要鉴定特征

成虫　成熟雌成虫呈半球形，鲜黄色或象牙色，底色上带有整齐紫黑色斑；背中为粗纵带，带之两端扩大呈亚铃状，后端扩大部包住尾裂，背中纵带两侧，各有二纵排大黑斑，每排约5～6个。产卵后，紫黑斑变成黑褐色。触角7节。足部发达，后足腿节长度小于气门盘直径。每条气门足由单列5个腺组成，其数为15～20个。缘刺呈锥状。气门洼与气门刺不显，后者与缘刺无区别。尾裂不深，仅为体长1/6。肛板2块，合成正方形。外角成直角，前侧缘与后侧缘几乎等长，后角有长肛毛2根。肛管短，肛管缘毛2对。肛环上有内、外列孔及环毛8根。体背小瓶腺和腹面排成亚缘带之大瓶腺，胸部腹面中有少数小瓶腺。多格腺分布于腹面中区。体背有小刺及盘状孔。肛板前背体壁透明盘状孔10余个。

附录5　松材线虫检疫技术操作办法

1　主题内容及应检范围

1.1　本办法规定了松材线虫 *Bursaphelenchus xylophilus*(Steiner et Buhrer) Nickle 的检疫检验及检疫处理操作办法。

1.2　本办法适用于林业植物检疫机构对松科植物中松属 *Pinus* spp.、冷杉属 *Abies* spp.、云杉属 *Picea* spp.、雪松属 *Cedrus* spp.、落叶松属 *Larix* spp. 植物的树木、枝条、伐桩、

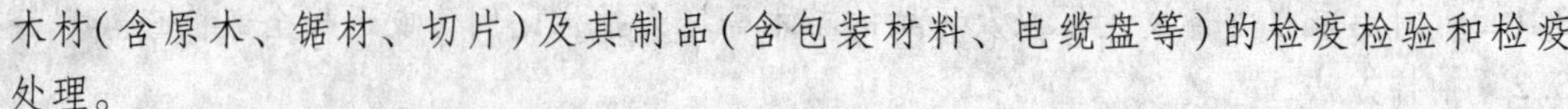

木材(含原木、锯材、切片)及其制品(含包装材料、电缆盘等)的检疫检验和检疫处理。

2 产地检疫

2.1 踏查

2.1.1 在由松科植物构成的，或以松树为主的生态林、用材林，特别是有松树栽植的风景名胜地，疫情发生区及毗邻地区，曾调入染疫木材(含原木、锯材、切片)及其制品的城镇、工矿企业、交通干线附近、无线通讯台站、广播电视信号台站、电力线路、仓库、码头、车站、驻军营房、贮木场及加工场(点)、集贸市场，以自然界线、道路为单位进行线路(目测)调查。

2.1.2 调查松树的针叶是否有黄绿色、黄褐色、红褐色萎蔫，是否整株枯死或未全部变红仍有部分呈绿色；枯死树针叶在小枝上当年不脱落(如黑松、马尾松等)或脱落(如思茅松)；树脂分泌急剧减少，甚至停止；材质干枯，有蓝变现象。

2.1.3 调查松树是否有天牛危害的羽化孔、侵入孔、蛀道等痕迹。

2.1.4 需进一步确定疫情的，应取样进行分离鉴定。

2.1.4.1 在树干的下部(胸高处)、中部和上部(主侧枝交界处)，用斧子、柴刀、木锯或木钻(钻头直径1~1.5 cm)在木质部采集样品。

2.1.4.2 取样时在取样部位剥净树皮和外围木质部，直接砍取100~200 g木片；或剥净树皮和外围木质部，用手摇钻从木质部至髓心钻取100~200 g木屑；或在取样部位分别截取圆盘。样品标签须填写清楚(包括采集地点、寄主、时间、采集人)，与样品一起放入塑料袋内，用橡皮筋扎紧，带回室内检验。

2.2 贮木场及加工场(点)、集贸市场调查

2.2.1 木材(含原木、锯材、切片)及其制品采取楞垛表面或分层方式设点抽样调查。

2.2.2 调查数量每批次按总量(m^3、垛)的5%~10%抽取，疫情严重的应全部进行抽样调查。

2.3 疫情监测

2.3.1 定期普查

2.3.1.1 对辖区内由松科植物构成的，或以松树为主的生态林、用材林以及松木贮木场及加工场(点)，或人为活动频繁的公路两旁松林，应进行定期普查。

2.3.1.2 每年3~5月和8~10月，应对上述地区的松林进行全面普查。

2.3.2 人工监测

2.3.2.1 在疫情发生区及毗邻地区，在当年秋季刚刚枯死的病树树干下部(胸高处)、中部和上部(主侧枝交界处)，剥净树皮，选取靠近蛀道、蛹室部位，用手摇钻钻至树心，取松木木屑(100~200 g)进行分离鉴定。

2.3.2.2 对已确定发现松材线虫的林分，应对周围松林进行全面调查，以确定疫情发生范围。

2.3.3 打孔流胶法监测

2.3.3.1 对于松材线虫发生区或其边缘的松树，若外观正常，针叶无明显变色可以用打孔流胶法做初步诊断，要确定是否感染了松材线虫还需采取取样分离诊断法进行确认。

2.3.3.2 使用锤子和打孔器或铳子(直径10~15 mm)在松树主干上打一可见木质部的圆孔，

位置和方向不限。

2.3.3.3 在春、夏、秋季，打孔后24 h即可进行观察；在冬季，打孔后48 ~ 72 h进行观察。

2.3.3.4 观察打孔后松树流脂情况，按下述标准确定流胶级别。

一级流胶：树脂从孔口流下，渗出量很多；

二级流胶：树脂从孔口流下，渗出量较多；

三级流胶：树脂沉积在孔口下缘；

四级流胶：树脂渗出到圆孔壁上，呈粒状；

五级流胶：孔壁上无树脂流出。

2.3.3.5 对于三至五级流胶的松树，按2.1.4进行取样分离鉴定。

2.3.4 天牛引诱剂监测

2.3.4.1 于松墨天牛羽化期，在通风良好便于观测的山顶或林道旁设置诱捕器。诱捕器距地面高度不得低于1.5 m，诱捕器间距50 ~ 100 m。

2.3.4.2 羽化高峰期1天检查1次，其余时间每隔3 ~ 5天检查1次。将诱捕到的松墨天牛活体进行分离鉴定。

3 调运检疫

3.1 抽样比例

3.1.1 木材(含原木、锯材)及其制品按货物总量的0.5% ~ 10%抽样，但样本数最低不得少于5个。

3.1.2 树木、枝条、伐桩按货物总量的1% ~ 5%抽样，但样本数最低不得少于5个。

3.2 抽样方法

3.2.1 木材(含原木、锯材)及其制品、枝条、伐桩，采取表层或分层方式设点抽样检查。

3.2.2 抽取有蓝变特征或有天牛危害症状的树木、枝条、木材(含原木、锯材)及其制品。

3.3 现场检验

3.3.1 检查木材(含原木、锯材)及其制品的截面是否有松脂痕迹、密度明显减轻、木质部有蓝变现象及有天牛危害的蛀道、蛹室。

3.3.2 检查枝条、伐桩及其制品是否有天牛蛀道、蛹室、补充营养取食痕迹。

3.3.3 对有蓝变、天牛蛀道、蛹室的样本，每个样本取2份样品带回室内做进一步鉴定。取样品时注意选取靠近蛀道、蛹室的部位，所取样品不得带有树皮。

4 检疫检验

4.1 对产地检疫、调运检疫所取的样品(含诱集到的天牛成虫)经制备后，采用贝尔曼漏斗法或浅盘法进行分离、镜检。具体方法见附件1。

4.2 根据以下特征，鉴定是否属伞滑刃属：虫体通常细长，唇区高，缢缩明显。口针有小的基部膨大。排泄孔位置通常在中食道球后方。阴门有时突出，后阴子宫囊长。雌虫尾端钝圆或尖。交合刺大而狭，基部通常有明显的喙。雄虫尾部向腹面弯曲，尾端尖，有一短的尾端交合伞。在尾部通常有2对乳突，1对在肛门前，1对在肛门后。无导刺带(引带)。

4.3 对照松材线虫形态特征，鉴定是否为松材线虫。

5 除害处理

5.1 发现携带松材线虫的木材(含原木、锯材)及其制品、枝条、伐桩等，可采取切片处理、热处理、熏蒸处理、销毁处理。

5.2 将病木切成厚度不超过1 cm的碎片后用作纤维板、纸浆等工业原料。或将病死木用旋切机切成厚度为3 mm以下的薄片，经80℃烘房热烘6 h，制成刨花板、胶合板。

5.3 熏蒸处理方法见附件2。

5.4 将病树去皮锯板后置于热处理房，加热至木材中心温度达到65℃以上并保持2~3 h(或利用微波处理)，取出检查松材线虫死亡率，若死亡率达不到100%，继续进行处理直至松材线虫全部死亡为止。

5.5 如不具备上述条件，就地烧毁。

附件1

松材线虫的主要鉴定特征

雌虫 体长0.81(0.71~1.01)mm；a=40.0(33~46)；b=10.3(9.4~12.8)；c=26.0(23.0~32)；v=72.7(67~78)；口针长25.9(14~18)μm。

雄虫 体长0.73(0.59~0.82)mm；a=42.3(36~47)；b=9.4(7.6~11.3)；c=26.4(21~31)；口针长14.9(14~17)μm；交合刺长27.0(25~30)μm。

成虫唇区高，与体连接处有缢缩。口针基部有小的膨大，食道腺模糊、纤细，其长度相当于体宽的3~4倍，覆盖于肠背面。排泄孔后相当于2/3体宽的距离处。

雌虫阴门宽，上阴唇长，向下覆盖。神经环恰于中食道球后，卵巢前伸，卵母细胞通常单行排列。后阴子宫囊长，延伸至阴肛距的3/4处。尾近圆柱形，尾端椭圆，或有1尾突，尾尖突长1μm左右，不超过2μm。

雄虫交合刺大，呈独特的弓形，成对，不联合，有1个很尖明显的喙；交合刺末端有1个突出的端突。尾弯成弓形，末端尖，端部有1个短的卵形交合伞。有2对尾乳突。

附件2

熏蒸处理

目前应用的熏蒸剂有溴甲烷(含量不低于98%)、硫酰氟(含量不低于95%)和磷化铝(含量不低于56%)。

熏蒸用具

熏蒸帐幕材料：厚度0.15 mm以上的聚乙烯帐幕或厚度0.19 mm以上的聚氯乙烯帐幕或双面挂胶苫布。

施药管(溴甲烷和硫酰氟)：采用不易腐蚀的高压氧气管。

盛药盘或盛药罐(磷化铝)。

磅秤：称量范围0~150 kg，感量0.1 kg。

测温装置：水银温度计(测温范围0~100℃，精度0.5℃)或数字测温计(测温范围-10~100℃，精度0.1℃)或远红外测温计(测温范围-20~300℃，精度0.1℃)。

浓度检测器材：溴甲烷、硫酰氟气体浓度检测采用热导式熏蒸气体浓度检测仪，灵敏度1g/m^3。磷化氢气体浓度检测管，1~50 ml/m^{3}和100~2000 ml/m^3；溴甲烷气体浓度检测管，5~50 ml/m^{3}和10~100 g/m^3。上述检测设备也可用于渗漏检测。

防漏检测仪器：使用卤化物渗透检测器、测溴灯等各种类型的检测器进行检漏。使用卤化物渗漏检测器时先用火柴从燃烧的开口处将其点燃，然后再向左慢慢转动调节阀，待反应板或锥形体发热变红时，把火焰调至能够维持这种颜色的最小范围。将探测管末端开口处放在被检处，然后观察火焰的颜色是否发生变化，如火焰颜色变绿，则说明有溴甲烷外漏，外漏程度越严重，火焰的绿色越深，以致变为蓝绿色、蓝色。

溴甲烷帐幕熏蒸方法

熏蒸场地：就地选择一块地势平坦、土壤紧密、阳光较充足、通风良好、交通方便、远离居民区的地块作为熏蒸场地。

熏蒸布置：须将熏蒸处理的松木或其加工制品等在选择好的熏蒸场地上堆垛，成一个长立方形，一般垛高为1.5～2.0 m。

挖沟：在堆垛四周挖一圈宽20 cm以上，深30 cm以上的沟，挖出的土堆放在沟外侧，用作覆盖帐幕后回填。

覆盖帐幕：将准备好的帐幕覆盖在堆垛上，帐幕四周边埋在沟内，用沟外侧的土回填，适当加水，踩紧踏实。

投药量和熏蒸时间：投药量和熏蒸时间的选择参照下表，其中温度为熏蒸当日最高气温；投药量指帐幕内容积每立方米的投药量。当日最高气温低于4℃时则停止熏蒸(表附-5-1)。

在熏蒸密闭空间内的温度低于15℃或投药量大于3 kg时，溴甲烷熏蒸应采用药剂汽化装置投药，汽化器出口气体温度不低于20℃。

表附-5-1　投药量和熏蒸时间

温度(℃)	投药量(g/m³)	熏蒸时间(h)
4～10	48	104～125
	69～83	72
10～20	63～83	48
	72	42～56
20以上	42～63	48
	72	28～42

投药：投药前先检查帐幕有否破损，确认封闭严密后开始投药。操作人员站在上风处，缓缓打开置于磅秤上的钢瓶阀门，使溴甲烷通过投药管进入堆垛，直至磅秤上显示已放完所需的总投药量时即关闭阀门，取出投药管，封好进药口，保持密闭至所选择的熏蒸时间。

散毒：熏蒸完毕，先将帐幕下风方向一边打开，0.5 h后再揭幕充分散毒。

效果检查：效果检查需在揭幕1 h后进行。在堆垛上部抽取3段长约50 cm的样段，将3个样段分别劈开检查松墨天牛幼虫死活。松墨天牛的死活可参照表附-5-2鉴定。

表附-5-2　松墨天牛存活与死亡特征

检查项目	活	死
体表色泽	有光泽	无光泽
虫体软硬程度	有弹性	无弹性
对外界刺激反应	动	不　动
头部位置	向腹面弯曲	前　伸
虫体截面形状	圆　形	扁圆形

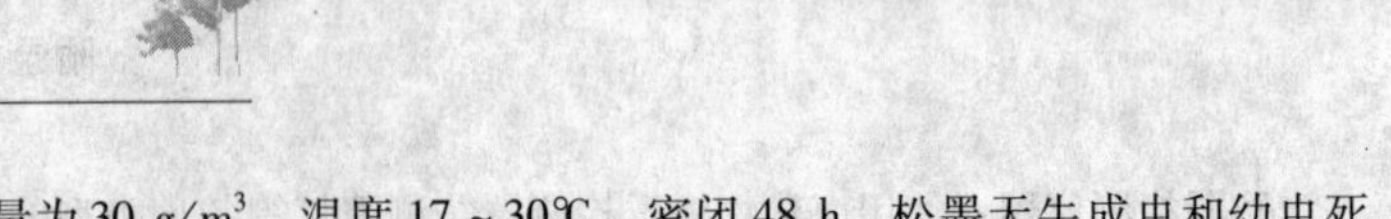

另外，在使用硫酰氟熏蒸时，常用量为 30 g/m^3，温度 17 ~ 30℃，密闭 48 h，松墨天牛成虫和幼虫死亡率 100%。溴甲烷和硫酰氟在熏蒸时加入适量 CO_2，有显著增效作用，加入量为熏蒸剂的 10% ~40%。

附录 6　松疱锈病菌检疫技术操作办法

1　主题内容及应检范围

1.1　本办法规定了松疱锈病菌 *Cronartium ribicola* J. C. Fischer ex Rabenhorst 的检疫检验及检疫处理操作办法。

1.2　本办法适用于林业植物检疫机构对松属 *Pinus* spp. 中单维松植物活体、带皮原木以及转主寄主中茶藨子属 *Ribes* spp.、马先蒿属 *Pedicularis* spp. 的植物活体或带菌材料的检疫检验和检疫处理。

2　产地检疫

2.1　种苗繁育基地的建立

2.1.1　种苗繁育基地及其周围 500 m 以内，必须铲除茶藨子和马先蒿等转主寄主植物。

2.1.2　种植培育的五针松苗木应定期调查，发现可疑苗木应立即拔除集中烧毁。

2.2　踏查

2.2.1　在种苗繁育基地、天然林、人工林、种子园、母树林、贮木场及加工场(点)、集贸市场，以林班线、小班线、林间道路或木材堆垛为单位，或选择有代表性的林分(或堆垛)进行线路踏查。

2.2.2　春季(4 ~5 月)调查松树皮层是否增厚变软、产生裂缝，从中生出橘黄色疱囊，破裂后释放出黄色锈孢子粉并伴有流胶；5 ~7 月调查林间转主寄主植物(茶藨子或马先蒿等)叶片背后是否有具被膜的黄色丘疹状夏孢子堆；7 ~9 月是否有红褐色毛刺状的冬孢子柱；秋季(9 ~10 月)调查针叶是否有黄色至红褐色斑点，枝干皮层是否产生橘黄色"蜜滴"(即有甜味的性孢子液)及皮下"血迹斑"(性孢子液风干后的痕迹)。

2.2.3　在贮木场或加工场所、集贸市场调查新鲜带皮原木皮层是否有黄色锈孢子粉。

2.2.4　经踏查确认有疫情，需进一步掌握危害情况的，应设标准地(或样方)做详细调查。

2.3　标准地(或样方)调查

2.3.1　种苗繁育基地设置与调查

2.3.1.1　样方的累积面积应不少于调查总面积的 0.1% ~5%。

2.3.1.2　每块样方面积为 1 ~5 m^2 或 1 ~2 m 长的条播带。用五点取样法或对角线取样法，抽取样树不得少于 30 株。

2.3.2　林分标准地设置与调查

2.3.2.1　片林按林分面积设置，5 hm^2 以下(含 5 hm^2)设 1 块；5 hm^2 以上按发生总面积的 2% 设置。

2.3.2.2　每块标准地面积为 0.1 hm^2，采取对角线取样法抽取样树 25 株，进行病害分级调查。

2.3.3　贮木场及加工场(点)、集贸市场样方的设置与调查

2.3.3.1　带皮原木应采取楞垛表层或分层方式设点调查。

2.3.3.2　调查数量为每批次(堆、垛)不得少于3~6根样木，每根样木选设10 cm×20 cm样方数4~6个。

2.4　病害分级标准

单株病害分级标准：

Ⅰ级　全株健康无病　代表值0；

Ⅱ级　侧枝发病，有蜜滴或疱囊　代表值1；

Ⅲ级　干部发病，有蜜滴或疱囊，病斑占树干周长1/2以下　代表值2；

Ⅳ级　干部发病，有蜜滴或疱囊，病斑占树干周长1/2以上　代表值3；

Ⅴ级　全株死亡　代表值4。

林分病害分级标准(以被害株率为标准)：

轻　发病株率5%以下；

中　发病株率6%~10%；

重　发病株率11%以上。

3　调运检疫

3.1　抽样比例

3.1.1　苗木按一批货物总件数(株)的5%抽取，少于10件或100株的应全部检查。

3.1.2　带皮木材、原木少于5 m^3的全部检查；5 m^3以上的抽样数量不得少于总数的10%。

3.2　抽样方法

3.2.1　苗木按抽样比例，采取分层方式，随机设5个样点进行抽样。

3.2.2　带皮木材、原木按抽样比例，采用楞垛表层或分层方式逐根进行检查。

3.3　现场检验

3.3.1　3~5月，用肉眼或借助放大镜检查松树植株活体干枝皮部表面是否有锈孢子器或锈孢子粉，8~10月检查树皮下部是否有性孢子器(或血迹状斑痕)。

3.3.2　6~8月检查茶藨子或马先蒿等转主寄主叶片背面是否有橘黄色夏孢子堆或红褐色的冬孢子柱。

4　检疫检验

4.1　症状检验

4.1.1　松树寄主症状检验

4.1.1.1　4~7月检查发病植株的枝干部是否有流脂、皮层肿大、破裂并从裂缝中生出黄白色至橘黄色的锈孢子器(疱囊)或散发出大量锈黄色的锈孢子。

4.1.1.2　8月下旬至9月中旬，感病枝、干皮层可见初期呈白色后变橘黄色泪滴状“蜜滴”(即性孢子液)，“蜜滴”消失后皮下可见“血迹”状斑。

4.1.2　转主寄主症状检验。5~9月(南方5~8月，北方7~9月)调查茶藨子属、马先蒿属等转主寄主植物叶片背面有无带油脂光泽、具包膜的橘红色丘疹状夏孢子堆，在夏孢子堆中或其周围组织是否有红褐色毛刺状的冬孢子柱。

4.2　形态鉴定

4.2.1 性孢子(0)：无色，鸭梨形，单胞，大小为2.4~4.5μm×1.8~2.5μm；性孢子器黄白色或橘黄色，基部(皮层下)宽8 mm以下，平展于松树皮层中。

4.2.2 锈孢子(Ⅰ)：单个孢子锈黄色，成堆时橘黄色，球形或卵圆形，大小为22.8～33.6μm×14.4～28.8μm，表生柱状疣突；并有一与疣突顶部共处一球面的平滑区；锈孢子器由无色梭形细胞组成疱囊状或圆柱状包膜所包裹，初为黄白色，后为橘黄色，生于枝干皮层外，高4.0～6.0 mm，短径3.0～5.0 mm，长径4.0～40.0 mm。

4.2.3 夏孢子(Ⅱ)：鲜黄色，球形、卵形或椭圆形，表面有刺，大小为15.6～30.0μm×13.1～20.6μm；夏孢子堆丘疹状突起，橘红色，具油脂光泽，破裂后呈橘红或红褐色的粉堆。

4.2.4 冬孢子(Ⅲ)：褐色，长棱形，表面光滑，大小为36.0～59.0μm ×13.0～13.5μm；冬孢子柱初为黄褐色，后呈红褐色，呈毛状，直立或弯曲，直径87.0～165.0μm，长50.0～1900.0μm，多从夏孢子堆中生出，少数从夏孢子堆外的新叶组织中生出。

4.2.5 担孢子(Ⅳ)：单胞，透明无色，球形，具油球，顶端有一喙状小尖突；大小为10.0～12.0μm。

4.3 显微化学检验

4.3.1 检测对象：3年生以下实生苗或非发病季节的可疑罹病松针、枝干部皮层。

4.3.2 选取1～3年生幼苗上带有黄色或红褐色斑点的松针1 cm段或罹病松针之小(侧)枝5 cm×5 cm×1 cm大小皮层作样品；对成龄植株枝干上有黑色粗皮者，于病健组织交界处切取2 cm ×4 cm大小的树皮2～3块作为受检样品。

4.3.3 将采集的可疑性针叶组织样品和枝干皮层组织样品，用FAA固定液脱脂处理2～24 h后供切片用。FAA固定液配方：福尔马林5 ml+冰醋酸6 ml+酒精89 ml(50%酒精适合柔软组织材料，70%酒精适合坚硬组织材料)，充分混合即成。

4.3.4 检验药品及工具

4.3.4.1 药品：醇溶性苯胺蓝、无水乙醇、番红花红、乳酸、苯酚、甘油、硫酸、亮绿、孔雀石绿、福尔马林、蒸馏水等。

4.3.4.2 工具：生物显微镜、分析天平、试剂瓶、刀片、吸管、染色板、镊子、洗瓶、量筒、量杯、载玻片、盖玻片等。

4.3.5 试剂配制

0.25%苯胺蓝液：醇溶性苯胺蓝0.25 g+95%乙醇100 ml，充分摇匀；

0.05%番红乙醇液：番红花红T 0.05 g+50%乙醇100 ml，充分摇匀；

乳酚蓝液：乳酸20 ml+苯酚20 g+甘油40 ml + 蒸馏水20 ml+0.25%苯胺蓝液0.3 ml，充分摇匀；

0.1%亮绿液：亮绿SF 0.1 g+无水乙醇100 ml，充分摇匀；

0.3%番红福尔马林液：番红花红T 0.3 g+福尔马林100 ml，充分摇匀；

5%孔雀绿液：孔雀石绿5 g+蒸馏水100 ml，充分摇匀；

0.5%番红液：番红花红T 0.5 g+蒸馏水100 ml，充分摇匀；

浮载剂：5%硫酸液。

4.3.6 染色检验方法及结果

根据试验条件，可选择下列任一种染色方法。

4.3.6.1 苯胺蓝—番红染色法：待检组织切片置于载玻片上+0.25%苯胺蓝液(媒染剂)染色5 min→蒸馏水冲洗→0.05%番红乙醇液浸染1～3 min →蒸馏水漂洗干净→镜检。

如被侵染，则菌丝呈蓝色至蓝绿色，寄主组织呈黄色至棕黄色。

4.3.6.2 乳酚蓝染色法：待检组织切片置于载玻片上+乳酚蓝液浸染5~10 min→蒸馏水漂洗干净+5%硫酸(作浮载剂)→镜检。如被侵染，则菌丝呈蓝色，寄主组织呈木黄色或本色。

4.3.6.3 亮绿—番红染色法：待检组织切片置于载玻片上+0.1%亮绿液浸染3~5 min→蒸馏水清洗→0.3%番红福尔马林液染1~5 min→蒸馏水漂洗干净→镜检。如被侵染，则菌丝呈绿色，寄主组织呈棕红(黄)色。

4.3.6.4 孔雀石绿—番红染色法：待检组织切片置于载玻片上+5%孔雀绿液浸染2min→蒸馏水清洗→0.5%番红液染3~5 min→蒸馏水漂洗→5%硫酸(作浮载剂)→镜检。如被侵染，则菌丝呈绿色，寄主组织呈棕红(黄)色。

4.3.7 根据上述染色检验结果和柱锈属 *Cronartium* 分种检索表(附件1)，在待检皮层细胞内发现菌丝时，可确认样品被松疱锈病菌侵染。如仅在松针细胞内发现菌丝，则不能区分样品是被松针锈病菌 *Coleosporium* sp. 还是松疱锈病菌侵染，需进一步通过试种观察确定：如针叶组织中的菌丝不向枝干皮层蔓延，则非松疱锈病菌，反之，即为松疱锈病菌。

5 除害处理

5.1 调运检疫和复检中，发现带有锈孢子器或性孢子器的带皮松原木，必须去皮并将病皮销毁。

5.2 发现茶藨子或马先蒿等转主寄主植物叶背有夏孢子堆或冬孢子柱时，应予销毁。

附件1

柱锈属 *Cronartium* 分种检索表

1. 单维松寄生 ………………………………………… 2
   双维松寄生 ………………………………………… 4
2. 五针松寄生；锈孢子器基部（皮层下）宽8 mm以下 ………………………… 3
   单叶松和食用松寄生；锈孢子基部宽10 mm以上 ………………… **西方柱锈菌 *C. occidentale***
3. 转主寄主以茶藨子为主 ………………… **茶藨子柱锈菌茶藨子专化型 *C. ribicola* f. sp. *ribicola***
   转主寄主以马先蒿为主 ………………… **茶藨子柱锈菌马先蒿专化型 *C. ribicola* f. sp. *pedicularis***
4. 生枝干上 ………………………………………… 5
   生球果上 ………………………………………… 11
5. 病部皮层坏死形成溃疡 ………………………………………… 6
   病部皮层不坏死，木质部增生形成木质瘿瘤 ………………………… 10
6. 锈孢子表面无光滑区 ………………………………………… 7
   锈孢子表面有光滑区 ………………………………………… 8
7. 锈孢子梨形至棒形 ………………………… **云兰柱锈菌 *C. comandrae***
   锈孢子长椭圆形 ………………………… **阿巴拉契亚柱锈菌 *C. appalachianum***
8. 病部木质部增生形成纵向隆起带 ………………………… **香蕨柱锈菌 *C. comptoniae***
   病部皮层增生略肥大呈长梭形 ………………………………………… 9
9. 锈孢子表面有明显的光滑区；分布北美洲 ………………… **类鞘孢柱锈菌 *C. coleosporioides***
   锈孢子表面有近似的光滑区；分布欧洲和亚洲 ………………… **柔软柱锈菌 *C. flaccidum***

10. 瘿瘤球形，半球形 …………………………………………………… **栎柱锈菌 *C. quercuum***
　瘿瘤梭形 ……………………………… **栎柱锈菌梭型专化型 *C. quercuum* f. sp. *fusiforme***
11. 锈孢子器半埋于寄主组织中；分布美国东南部 ……………………… **球果柱锈菌 *C. strobilianum***
　锈孢子器完全突出寄主表面；也可危害小枝形成髓质瘤；分布美国南部至中美洲 ……………………………………………………………………… **椎型柱锈菌 *C. conigenum***

附件 2

松疱锈病病原特征

性孢子(O)　无色，鸭梨形，单胞，大小为(2.4～4.5)μm×(1.8～2.5) μm；性孢子器黄白色或橘黄色，基部(皮层下)宽8mm以下，平展于松树皮层中。

锈孢子(Ⅰ)　单个孢子锈黄色，成堆时橘黄色，球形或卵圆形，大小为(22.8～33.6)μm×(14.4～28.8) μm，表生柱状疣突；并有一个与疣突顶部共处一个球面的平滑区；锈孢子器由无色梭形细胞组成的疱囊状或圆柱状包膜所包裹，初为黄白色、后为橘黄色，生于干皮外，高4～6mm，短径3～5mm，长径4～40mm。

夏孢子(Ⅱ)　鲜黄色，球形、卵形或椭圆形，表面有刺，大小为(15.6～30)μm×(13.1～20.6) μm；夏孢子堆丘疹状突起，橘红色，具油脂光泽，破裂后呈橘红色或红褐色的粉堆。

冬孢子(Ⅲ)　褐色，长梭形，表面光滑，大小为(36～59)μm×(13.0～13.5) μm；冬孢子堆初为黄褐色，后呈红褐色，呈毛状伸出于外直立或弯曲，直径87～165μm，长50～1900μm，多从夏孢子堆中生出，少数从夏孢子堆外的新叶组织中生出。

担孢子(Ⅳ)　单胞，透明无色，球形，具油球，顶端有一喙状小尖突；大小为10～12μm，由冬孢子萌发产生。

附录7　冠瘿病菌检疫技术操作办法

1　主题内容及应检范围

1.1　本办法规定了冠瘿病菌 *Agrobacterium tumefaciens* (Smith et Townsend) Conn 的检疫检验及检疫处理操作办法。

1.2　本办法适用于林业植物检疫机构对杨属 *Populus* spp.、柳属 *Salix* spp.、苹果属 *Malus* spp.、梨属 *Pyrus* spp.、蔷薇属 *Rosa* spp.、山楂属 *Crataegus* spp.、李属 *Prunus* spp.、栗属 *Castanea* spp.、葡萄属 *Vitis* spp. 等林木、果树和木本花卉植物活体、残体的检疫检验和检疫处理。

2　产地检疫

2.1　种苗繁育基地的建立

2.1.1　应选用无疫情的繁殖材料。

2.1.2　有疫情发生的地块，3年内不再繁育其寄主植物。

2.2　踏查

2.2.1　在种苗繁育基地、林地、果园和木本花卉栽植地，以自然界线、道路为单位进行线路(目测)踏查。

2.2.2　调查罹病植株是否表现矮化、干枯，叶片是否黄化、早落，根系是否细小、须根少。

2.2.3　调查中、幼龄植株的根冠部是否有灰白色、球形或扁球形的光滑软质瘤，是否有褐色、深褐色、表面粗糙龟裂、周围和表面生有细根的木瘤；根茎和主干上是否有表面粗糙、龟裂、质地坚硬的木瘤。

2.2.4　确认有疫情需进一步掌握危害情况的，应设标准地(或样方)做详细调查。

2.3　标准地(或样方)调查

2.3.1　种苗繁育基地样方设置与调查

2.3.1.1　样方的累积面积应不少于调查总面积的5%。

2.3.1.2　每块样方面积为10 m^2，在样方内按“Z”形线路取样，抽取样株不得少于20株。

2.3.2　林分标准地设置与调查

2.3.2.1　按林分面积设置，10 hm^2 以下(含10 hm^2)设1块，10 hm^2 以上按总面积的2%设置。

2.3.2.2　每块标准地面积为0.1 hm^2，在标准地内随机抽取20～30株进行调查。

2.4　病害分级标准

轻　被害株率5%以下；

中　被害株率6%～15%；

重　被害株率16%以上。

3　调运检疫

3.1　抽样比例

3.1.1　苗木按一批货物总件数(株)的5%抽取，少于5件或50株的应全部进行调查。

3.1.2　疫情严重的，需扩大抽样数量，至少应扩大到该批货物总件数(株)的10%。

3.2　抽样方法

3.2.1　苗木按照抽样比例，采取分层方式设5个样点进行抽样。

3.2.2　将抽取的样品放在100 cm×100 cm的白布(或塑料布)上，逐株进行检查。

3.3　现场检验

3.3.1　检查寄主植物的根冠部是否有瘤状突起，是否有带细根的木瘤，是否有大小不一、形状不同或互相连结的瘤。

3.3.2　检查寄主植物的根茎和主干上是否有表面粗糙、龟裂、质地坚硬的木瘤。

4　检疫检验

4.1　分离培养检验

4.1.1　取新鲜幼嫩根瘤，用解剖刀切成约2 mm×2 mm的小块，置于灭菌培养皿内，放入灭菌水清洗并去除陈腐组织和杂质。

4.1.2　将洗净的材料在70%酒精里蘸5 s，在酒精灯火焰中来回3次后，放入灭菌水里清洗3次。

4.1.3　将经过上述处理的材料放入研钵内，加入适量灭菌水研碎后静置10 min。

4.1.4　用接种环蘸取上述分离材料的组织液，接种在YEM培养基上划线分离。检查培养基上是否形成有光泽、隆起、边缘完整、半透明、呈灰白色至淡灰棕色的黏稠圆形菌落。

4.2　形态与染色检验

4.2.1　形态观察

4.2.1.1 将分离到的细菌在 YEM 培养基上培养 24~48 h，用移菌环挑取少许菌苔放入无菌水试管中配成 10^8 CFU/ml 菌悬液，取菌液滴在载玻片上，立即将载玻片倾斜，使菌液迅速流成菌液膜，风干并通过火焰 2~3 次使菌体固定。

4.2.1.2 用酸性苯酚品红染色 1 min，用清水冲去染液，待干燥后用油镜观察菌体形态（杆状）。

4.2.2 革兰氏染色：采用结晶紫草酸胺染色法。经固定涂片→染色 1 min→水洗数秒吸干→碘液处理 1 min→水洗数秒吸干→褪色 30 s→水洗数秒吸干→复染 10 s→水洗吸干后镜检。

土壤杆菌属为革兰氏阴性，呈红色。

4.2.3 鞭毛染色：采用西萨—基尔（Cesares-Gill）染色法。经染媒剂 5~7 min 处理→水洗干燥→苯酚品红染色 5 min→水洗干燥后镜检。

土壤杆菌属镜检菌体和鞭毛为阴性反应，呈红色，鞭毛 1~6 根。

4.3 生理生化检验

4.3.1 生长与温度试验：生物变种 1 可以在 35 ℃条件下生长，生物变种 2 和生物变种 3 则不能生长。

4.3.2 耐盐性试验：生物变种 1 和生物变种 3 可在含 2% NaCl 的培养液上生长，而生物变种 2 不能生长。

4.3.3 3—酮基乳糖试验

4.3.3.1 将菌种接种在 GYCA 培养基斜面上培养 1~2 天，再将细菌点种在乳糖培养基平板上，每皿接种 4~6 个菌株，培养 1~2 天，使每个菌落直径达 0.5 cm。

4.3.3.2 在培养皿上加 Benedict 试剂，1 h 之内在菌落周围产生一圈黄色的 Cu_2O 为阳性反应。

生物变种 1 为阳性反应，生物变种 2 和 3 均为阴性反应。

4.4 碳素化合物的利用和分解

4.4.1 碳素化合物产酸试验

4.4.1.1 在 Ayers 培养基或 Dye 培养基 C 中加 1% 测定的碳素化合物，接菌培养。

4.4.1.2 生物变种 1 可以利用蔗糖、松子糖和乙醇产酸，不能利用赤藓糖醇产酸；生物变种 2 则只能利用赤藓糖醇产酸，不能利用蔗糖、松子糖和乙醇产酸；生物变种 3 只能利用蔗糖产酸，不能利用松子糖、乙醇和赤藓糖醇产酸。

4.4.2 有机酸产碱试验

4.4.2.1 用 Ayers 培养基，25℃培养 7 天，测定酒石酸盐或丙二酸盐；柠檬酸盐用 Simmons 培养基。

4.4.2.2 培养基灭菌后，制成试管斜面，接菌后 24~48 h 变深蓝色为阳性。

生物变种 1 不能利用丙二酸盐和柠檬酸盐产碱为阴性；生物变种 2 和生物变种 3 能利用丙二酸盐和酒石酸钠产碱为阳性。

4.5 大分子化合物分解

4.5.1 石蕊牛乳反应

4.5.1.1 用石蕊牛乳培养液，间隙灭菌 3 次，每次通蒸汽 20~30 min。

4.5.1.2 培养液接菌后，在 28℃条件下培养 4~6 周。

生物变种1使石蕊牛乳产碱变蓝，后来形成褐色血清区；生物变种2使石蕊牛乳产酸变红并凝固；生物变种3使石蕊牛乳产碱变蓝后，还原为白色。

4.5.2 柠檬酸铁胺产褐色表膜试验

4.5.2.1 将柠檬酸铁胺培养液分装试管，每管约5 ml，灭菌后接10^8 CFU/ml 细菌液0.1 ml，静置培养3、7天，各观察1次。

4.5.2.2 表面产生红褐色表膜，培养液变为红褐色为阳性反应。

生物变种1为阳性反应，生物变种2和3为阴性反应。

4.6 选择性培养基检验

4.6.1 接种在YEM或Brisbane-Kerr 1A、2E、3DG培养基上。生物变种1、2、3均可生长，能形成白色，并随菌龄增加而变褐色菌落。

4.6.2 接种在Schroth培养基上，生物变种1能形成隆起、光滑、全缘、淡黄色或淡棕色菌落。

4.6.3 接种在Brisbane-Kerr培养基上。生物变种2能形成隆起、全缘、珍珠白色，4~5天后变淡棕色菌落。

4.6.4 接种在Roy—Sasser培养基上，生物变种3形成白色—淡粉红色，带有红色中心的隆起、黏稠菌落。

4.7 致病性测定

4.7.1 选择新鲜、无损伤的胡萝卜，先用肥皂水洗净后，再用自来水冲洗，用70%酒精擦洗后，火焰干燥，横切成10 mm圆片，放在灭菌的湿滤纸上，置于培养皿内，靠近根端的那一面朝上。

4.7.2 用灭菌的棉球蘸10^8~10^9 CFU/ml 菌液，涂擦圆片表面，用已知阳性菌和无菌水作对照，每个菌株接种2~3个胡萝卜片，25℃保湿2周左右观察结果。产生肿瘤为根癌土壤杆菌。

根据上述检验结果，对照病原特征，鉴定是否为冠瘿病菌。

5 除害处理

5.1 发现带疫植株应作销毁处理。

5.2 怀疑带疫的苗木应采用1%硫酸铜浸5 min，并对不带疫的苗木用500~1000 mg/ml链霉素液处理后集中隔离试种，定期检查。

附件

冠瘿病病原特征

土壤杆菌属细菌为革兰氏阴性、无芽孢短杆菌，大小为(0.6~1.0) μm×(1.5~3.0)μm，单生或成双，以1~6根周身鞭毛运动，如果1根则多为侧生。好气性，最适生长温度为25~28℃，最适pH6.0。菌落通常为圆形、隆起、光滑，白色至灰白色、半透明。在含碳水化合物的培养基上，能产生丰富的胞外多糖，质地黏稠，能利用有机酸盐和氨基酸作为碳源。

附录8　落叶松枯梢病菌检疫技术操作办法

1　主题内容及应检范围

1.1　本办法规定了落叶松枯梢病菌 *Botryosphaeria laricina*(Sawada) Y. Z. Shang 的检疫检验及检疫处理操作办法。

1.2　本办法适用于林业植物检疫机构对落叶松属 *Larix* spp. 的植物活体及有萌生枝梢的原木的检疫检验和检疫处理。

2　产地检疫

2.1　种苗繁育基地的建立

2.1.1　新建种苗繁育基地应远离疫情发生林分500 m或具有自然隔离屏障。

2.1.2　禁止在落叶松林内或林缘培育苗木(含接穗、插条)。

2.2　踏查

2.2.1　种苗繁育基地、落叶松林，以林间自然界限或选择有代表性的地段进行线路(目测)踏查。

2.2.2　调查新梢(特别是主梢)是否褪色、凋萎、缢缩，是否大部分针叶脱落，梢端仅残留一簇枯萎的针叶并弯曲下垂呈钩状。枯梢上是否有黄色松脂块，病皮下生出呈纵向排列的梭形黑色小点，顶梢残叶或病梢弯曲部分散生近圆形黑色小点。

2.2.3　调查已木质化的发病枝梢、新梢针叶是否全部脱落并呈直立型枯梢。

2.2.4　调查春季发病严重的枯死主梢，其侧芽或小枝是否变为褐色并呈芽枯状，连年发病的幼树呈扫帚状。

2.2.5　确认有疫情需进一步掌握危害情况的，应设标准地(或样方)做详细调查。

2.3　标准地(或样方)调查

2.3.1　种苗繁育基地样方设置与调查

2.3.1.1　样方累计面积应不少于调查总面积的5%。

2.3.1.2　每块样方面积为1 m×1 m，采取对角线取样法，抽取样方内的苗木(含接穗、插条)20～40株，进行病害分级调查。

2.3.2　林分标准地设置与调查

2.3.2.1　按林分面积设置，20 hm^2 以下(含20 hm^2)设1块，每增加20 hm^2，增设1块。

2.3.2.2　每块标准地面积为0.1 hm^2，采取对角线取样法，抽取样树30～50株，调查每株树上发病枝梢占整个样树枝梢的比例。

2.4　病害分级标准

单株病害分级标准：

Ⅰ级	新梢发病率5%以下	代表值0；
Ⅱ级	新梢发病率6%～25%	代表值1；
Ⅲ级	新梢发病率26%～50%	代表值2；
Ⅳ级	新梢发病率51%～75%	代表值3；

Ⅴ级　新梢发病率76%以上　　　　　　　　　　　　　　代表值4。

林分病害分级标准(以感病指数为标准):

轻　感病指数5～20;

中　感病指数21～40;

重　感病指数41以上。

3　调运检疫

3.1　抽样比例

3.1.1　苗木(含接穗、插条)按一批货物总件数(株)的5%抽取。

3.1.2　原木一批100根以下的按50%抽取，100～300根按40%抽取，300～500根按30%抽取，500根以上按10%～20%抽取。

3.2　抽样方法

3.2.1　苗木(含接穗、插条)按抽样比例，采取分层方式设5个样点抽样检查。

3.2.2　原木表面有萌生枝梢的应直接检查。

3.3　现场检疫

3.3.1　检查苗木(含接穗、插条)梢部是否褪色、有缢缩，是否有典型的钩状或直立状枯梢；枯梢上是否带有黄色松脂块。

3.3.2　检查叶、梢表面是否有散生的近圆形黑色小点；梢皮下或皮层裂缝中和病皮下有无纵向排列的梭形黑色小点。

3.3.3　检查原木表面，是否有萌生枝梢及前述小黑点。

4　检疫检验

4.1　直接检验：用针挑取少许病梢、病苗上的子实体，置加有一滴水的载玻片上，加盖玻片在显微镜下观察子实体形态，测量大小。

4.2　保湿培养检验

4.2.1　对无明显子实体枝梢，以清洁水浸1～2天后，交替浸在35℃和10℃的清水中进行变温处理2次，每次5 min，再置凉水中浸30 min。

4.2.2　取出并置于培养皿内的两根玻棒上，皿底铺含水纱布(或脱脂棉)保湿，在26℃温箱中保湿培养7～12天(隔日清洗培养皿1次)后，挑选子实体镜检。

4.3　分离培养检验：取1.5 mm长的病组织，用70%酒精或0.1%升汞表面消毒3 min，用无菌水漂洗3次后，置于PDA培养基上，在25～27℃条件下培养、纯化，4天后置于散光、16～25℃条件下培养，2～7天后菌落表面可产生分生孢子器和分生孢子。

4.4　致病性检验

4.4.1　以纯培养所得分生孢子或病枝上获得的分生孢子和子囊孢子配成孢子悬浮液。

4.4.2　选择盆栽2年生健康的落叶松苗，进行针刺、擦伤、涂抹接种，保湿72 h后观察发病症状，并取病斑上的子实体镜检。

4.5　隔离试种检验

4.5.1　经上述检验，不能确定的可疑苗木必须进行隔离试种检验。

4.5.2　隔离试种期限不得少于2年，经确认无疫后，方可分散种植。

根据上述检验结果，对照病原特征(附件)鉴定是否为落叶松枯梢病菌。

5　除害处理

5.1　苗木(含接穗、插条)调运时，经检查带病率在5%以上的，必须就地全部销毁，5%以下的(含5%)须限时重新选苗打捆，经复查合格后方可调运。

5.2　原木及间接带菌材料，须限时逐根清除附带的枝梢并集中销毁，经复查合格后方可调运。

附件

落叶松枯梢病病原特征

有性型　子囊壳单腔，瓶形或梨形，黑褐色，大小为(190～310)μm×(230～380)μm，单生或2～5个并列在表皮下，成熟后黑色的假孔口外露，假孔口高46～116μm。子囊成束地着生在子囊腔的基部；子囊无色，双层膜，棒形，有短柄，大小为(115～145)μm×(25.5～31.5)μm。顶端较厚，半圆形，子囊内膜与子囊外膜中间的距离为9μm左右，在显微镜下可以看到一个孔口，直径4.5μm左右。子囊内有8个子囊孢子。呈2行排列；假侧丝线形，无色，横径3μm左右；子囊孢子无色，单细胞，椭圆形至宽纺锤形，大小为(23～40)μm×(9～15.5)μm，内含许多颗粒体，少数含有3～4个油球，油球直径4～9μm。

无性型　分生孢子器球形至扁球形，黑褐色，乳头状、略见孔口，大小为(127～250)μm×(110～230)μm；分生孢子梗通直；分生孢子顶生，单孢，无色，椭圆形或纺锤形，大小为(19～35)μm×(6.5～12)μm，内含颗粒体或偶见油球。

附录9　森林火险区划等级

森林火险区划是计划、安排设施建设投资、落实森林防火目标管理责任制的重要依据。根据某一个行政区或林区的森林火灾危险程度及其地域规律，按照森林火灾危险程度的差别，进行区域范围的划分，并加以论证，以此反映某一区域在较长时间内森林火灾的危险程度，即森林火险区划。其依据为可燃物分布及燃烧性、居民点分布、道路网密度、人为活动频度、火源分布等。一般情况下，森林资源分布集中、针叶林面积大、人为活动多、道路网密度大的区域，发生森林火灾的危险性大，火险等级高，反之则低。不同的火险等级，规划的防火措施、要求、基础设施建设标准等应有所差异，以便分类经营、重点防范。森林火险区划不考虑短期的、频繁变化的、不确定的火险因素，而重点考虑某地区主要的、稳定的火险因子，分析和预测较长时间范围的(一般5～10年)、稳定的森林火险状况。因此，森林火险区划对森林火险的评估具有相对的稳定性。1992年我国颁布了《全国森林火险区划等级》行业标准，其基本内容主要是：

1. 全国森林火险区划因子

①树种(组)燃烧类型　其确定的方法是，以优势树种(或树种组)燃烧的难易程度为依据，先将区划地区的优势树种归并为难燃、可燃、易燃3个类型，然后计算各类的林木总蓄积，再以3类中蓄积量比例大于或等于55%者，确定该区界范围内的树种(组)燃烧类型。若3类蓄积的比例均在55%以下，则该区界范围内的树种(组)燃烧类型应确定为可燃类。我国各地主要代表树种(组)燃烧难易程度的划分依据见表附-9-1。

②农业人口密度　主要以近5年内最新统计的森林火险区划地区的农业人口(含林业、牧业人口)总数与该地区面积之比来确定，其单位为人/hm^2；

③路网密度　主要以近5年内最新统计的森林火险区划地区，所有等级道路总里程数与该地区总面积之比来确定，其单位为m/ hm^2。

④防火期气象因子　主要选择防火期平均降水量(单位为mm)、防火期平均气温(单位为℃)、防火期平均风速(单位为m/s)3个指标，其数据计算采用近5年的平均值来确定。

表附-9-1　全国主要树种(组)燃烧的难易程度

燃烧的难易程度	主要代表树种(组)
难燃类	木荷、栲类(含甜槠、苦槠等)、青冈、桤木、竹类(亚竹科)、桢楠、水曲柳、核桃楸、黄波罗、刺槐、泡桐、榆
可燃类	针阔混交、桦、椴、檫树、杨、珙桐、硬阔(色木、山毛榉等)、软阔(枫杨、柳、槭、楸、木麻黄、楝等)、落叶松、云杉、冷杉、杉木、柳杉、水杉、紫杉、铁杉
易燃类	樟树、桉、枫香、云南松、马尾松、油松、赤松、黑松、樟子松、红松、柏木、栎(含槲等)、栗、柯、针叶混交林、矮林(不能生长为大乔木的)

2. 森林火险区划等级的确定

森林火险区划等级的确定按照以下步骤进行：

①森林火险区划单位根据调查或者计算，得出区划地区6项火险因子的实际值，然后将实际数值与给定的森林火险因子级距标准查对表(见表附-9-2)进行级距对号，求得相应森林火险因子的得分值。

②将各个森林火险因子的相应得分值累加，得出代数和。

③将森林火险因子得分值的代数和，分别乘以区划地区的有林地与未成林造林地面积之和及活立木总蓄积量，分别得出两个综合得分值。

④根据上述两个综合得分值，再对照全国森林火险区划等级标准查对表中的标准分值(见表附-9-3)，求出、取其中对应高的火险等级作为该区划范围的森林火险等级。

⑤根据要求，如果该地区内有国家级游览风景区、自然保护区和森林公园，经国家林业局森林防火办公室审批后，其火险等级可提高一级。对于未能按标准划入高火险等级的需特殊保护的火险敏感地区，可经一定程序，由国家林业局森林防火办公室审批后列为I级火险区。

表附-9-2　全国森林火险因子级距标准查对表

火险因子	级距	得分值
树种(组)燃烧类型	难燃类	-0.12
	可燃类	0.07
	易燃类	0.21
农业人口密度(人/hm^2)	≤0.6	0.00
	0.7~1.3	0.31
	≥1.4	0.15
防火期平均降水量(mm)	≥53.0	0.00
	52.9~24.6	0.08
	≤24.5	0.27

（续）

火险因子	级距	得分值
防火期平均气温（℃）	≤7.5	0.00
	7.6～14.0	0.19
	≥14.1	-0.09
防火期平均风速（m/s）	≤1.7	0.00
	1.8～2.6	0.12
	≥2.7	0.24
路网密度（m/hm^2）	≤1.5	0.00
	1.6～2.5	0.15
	≥2.6	-0.16

表附-9-3 全国森林火险区划等级标准查对表

火险等级		得分值代数和×森林资源数量	标准分值
Ⅰ	森林火灾危险性大	得分值代数和×有林地与未成林造林地面积之和（$10^4\ hm^2$）	>10.5
		得分值代数和×活立木总蓄积（$10^4\ m^3$）	>420.0
Ⅱ	森林火灾危险性中	得分值代数和×有林地与未成林造林地面积之和（$10^4\ hm^2$）	4.2～10.5
		得分值代数和×活立木总蓄积（$10^4\ m^3$）	210.0～420.0
Ⅲ	森林火灾危险性小	得分值代数和×有林地与未成林造林地面积之和（$10^4\ hm^2$）	<4.2
		得分值代数和×活立木总蓄积量（$10^4\ m^3$）	<210.0
备注	有林地：包括防护林、用材林、薪炭林（乔林）、特种用途林、经济林、竹林。其标准为天然林：郁闭度0.3以上的天然起源的林分；人工林：凡生长稳定（一般造林3～5年后或飞播造林5～7年后）每公顷保存株数大于或等于合理造林株数85%或郁闭度0.3以上的人工起源林分 未成林造林地：指造林成活率大于或等于合理造林株数41%，尚未郁闭但有成林希望的新造林地（一般指造林后不满3～5年或飞播造林后不满5～7年的造林地）		

以上森林火险区划标准，规定了全国森林火险区划等级及其区划方法，同时也适用于全国各县、国营林业企业局及县级国营林场、自然保护区和森林公园的火险区划。将县级行政单位，林业企业、事业单位，按其区划结果分为森林火灾危险性不同的行政地理区，使处于同一火险等级的地区在全国范围内具有可比性，客观地反映森林火险程度，可以作为全国林火预报的基础，也是制定森林防火规划、计划、安排基本建设投资的科学依据之一。